山东昆嵛山国家级自然保护区生物多样性系列

AN ILLUSTRATED GUIDE TO BIRDS OF KUNYU MOUNTAINS

昆嵛山鸟类图鉴

于晓平 时 良 苑晓雯 编著

西北农林科技大学出版社

图书在版编目（CIP）数据

昆嵛山鸟类图鉴 / 于晓平，时良，范晓雯编著 . —杨凌：西北农林科技大学出版社，2021.11

ISBN 978-7-5683-1051-2

Ⅰ. ①昆⋯ Ⅱ. ①于⋯ ②时⋯ ③范⋯ Ⅲ. ①自然保护区—鸟类—山东—图集 Ⅳ. ①Q959.708-64

中国版本图书馆CIP数据核字（2021）第253323号

昆嵛山鸟类图鉴

于晓平　时　良　范晓雯　编著

出版发行	西北农林科技大学出版社
地　　址	陕西杨凌杨武路3号　　邮　编：712100
电　　话	办公室：029-87093195　发行部：029-87093302
电子邮箱	press0809@163.com
印　　刷	西安浩轩印务有限公司
版　　次	2021年11月第1版
印　　次	2021年11月第1次印刷
开　　本	787mm×1092mm　1/16
印　　张	26
字　　数	450千字

ISBN 978-7-5683-1051-2

定价：168.00 元

（如有印装质量问题，请与本社联系调换）

《昆嵛山鸟类图鉴》编辑委员会

主任委员
于丛刚

副主任委员
李 明　张英军

委　员
杨晓燕　车吉明　吴晓明

主　编
于晓平　时 良　苑晓雯

副主编
廖小青　刘丹妮　李 敏　郭晓蕾　冯 磊

编著人员（按拼音字母排序）

冯 磊　郭晓蕾　高 燕　姜 斌　姜明媛　李 敏
李建伟　廖小青　刘丹妮　苗 伟　时 良　田 英
王天鸠　王 俊　王俊伟　魏 达　于晓平　苑晓雯
　　　　张雅帅　张楚翘　周淑诺　朱常委

摄影作者（按拼音字母排序）

曹 强　冯 磊　傅 萌　顾晓军　郭陆和　贺振平
胡万新　胡亚荣　胡振宏　Kees van Achterberg　李 夏
李 晓　李 飏　李 赟　李大国　李思琪　廖小凤
廖小青　刘 璐　刘爱华　卢 宪　吕 绪　聂延秋
邱德伟　时 良　田宁朝　万 宪　王 警　王小平
王中强　韦 铭　魏 东　吴宗凯　向定乾　许 杰
薛 琳　姚东武　于晓平　于振海　臧晓博　张 岩
张海华　张立成　张英军　赵纳勋　钟田毅　周 勇

手绘作者
郑秋旸

前言

　　山不在高，有仙则灵！昆嵛秘境，仙山之祖。浮云积翠，霏微灵秀。千百年来，文人墨客，道家学者，纷至沓来，绵绵不绝。光阴如梭，沧海桑田，新时代的主旋律——绿水青山就是金山银山——正在昆嵛山这片绿地上唱响。

　　调查伊始，考察组首次踏上昆嵛山这块土地，身临其境，感触良多。山东半岛的景色别具一格，空气中弥漫着海的味道。乍进保护区，眼前一亮！干部职工清一色的迷彩戎装，不知者以为误入军营。昆嵛山大酒店楼道内"一米一粟当思来之不易，半丝半缕恒念物力维艰"的楹联使人警醒。职工食堂外墙上"勤俭、节约、感恩、惜福"八个大字赫然入目。昆嵛山保护区工作人员的精神面貌、工作作风令人为之一振，无形中增加了考察组完成任务的信心和决心。

　　山东昆嵛山国家级自然保护区是中国赤松的原生地和天然分布中心，保留了丰富的生物多样性。山东半岛在中国动物地理区划中属于古北界华北区黄淮平原亚区山东丘陵省，地处我国候鸟东部迁徙路线之上，因此该地成了众多候鸟的迁徙停歇站。作为东洋界和古北界的分界线，淮河流域地理屏障作用的丧失使得部分东洋界雀形目种类成了区内夏季鸟类群落的重要组成。

　　为进一步体现保护区在自然保护、科学研究、科普教育等方面的价值，提升保护区的管理水平，受山东昆嵛山国家级自然保护区管理局的委托，陕西师范大学在为期三年深入调查的基础上编撰了《昆嵛山鸟类图鉴》。

　　《昆嵛山鸟类图鉴》分为总论和各论两大部分。总论概述了昆嵛山地区的自然概况、鸟类物种组成、区系成分分析以及鸟类群落组成和物种多样性。各论部分对昆嵛山地区353种鸟类的鉴别特征、生态习性、分类与分布以及保护现状进行了简要叙述。2005年保护区科考报告记录鸟类15目41科260种，本次考察及总结有如下特点：①考察区域以保护区管辖范围为核心向周边辐射，包括烟台市内的河流及三角洲、滨海湿地、城市绿地、公园以及附近的岛屿如养马岛、长岛等；荣成、威海的滨海湿地、公园、绿地等。因此本次考察结果不仅可以反映昆嵛山保护区的鸟类资源概况，也可以反映中国鸟类东部候鸟迁徙停歇地——山东半岛鸟类的物种组成。②本次科考涵盖了昆嵛山地区鸟类的繁殖、迁徙和越冬季节，野外工作天数约300天，调查结果以本次调查为主，同时收集整理文献资料、中国观鸟记录、摄影爱好者个人收藏等，记录的鸟类种类20目62科353种。③《昆嵛山鸟类图鉴》原则上保留以前记录的所有种类，去掉了不可能分布的种类，如蓝头矶鸫（*Monticola cinclorhyncha*）分布于藏东南，估计是白喉矶鸫（*M. gularis*）的误判。根据中国鸟类分类的最新研究成果，作者对以前记录的部分鸟类的中文名称和拉丁学名进行了订正。

在为期三年的调查过程中，特别感谢昆嵛山自然保护区管理局在后勤保障方面给予的大力支持。烟台大学鞠宝教授、李刚教授、曲江勇教授在生活和业务方面给予关照和指导；长岛国家级自然保护区范强军站长在大黑山岛野外工作中提供了无私帮助；烟台永卓图片设计广告有限公司顾晓军先生热心整理和收集部分鸟类照片；还有诸多热心作者提供精美的鸟类照片，在此一并致谢。

野外作业虽然持续了近三年时间，但鸟类的调查结果乃长期积累的过程，因此难免疏漏。文本编撰、照片整理力求妥帖全面，但水平有限，纰缪之处难免，实乃心余力绌，诚冀读者批评指正。

编　者

2021年12月8日于西安

目 录

前　言　　　　　　　　　　　　　　　　　　　　　　1

第一部分　总论

昆嵛山自然概况　　　　　　　　　　　　　　　　　003

昆嵛山的鸟类　　　　　　　　　　　　　　　　　　004

　　物种组成　　　　　　　　　　　　　　　　　　004

　　区系成分分析　　　　　　　　　　　　　　　　005

　　群落组成及物种多样性　　　　　　　　　　　　007

第二部分　各论

鸡形目 GALLIFORMES

雉科 Phasianidae　　　　　　　　　　　　　　　**011**

1. 石鸡 Chukar Partridge *Alectoris chukar*　　　011
2. 鹌鹑 Japanese Quial *Coturnix japonica*　　　012
3. 环颈雉 Common Pheasant *Phasianus colchicus*　　　013

雁形目 ANSERIFORMES

鸭科 Anatidae　　　　　　　　　　　　　　　　**014**

4. 鸿雁 Swan Goose *Anser cygnoid*　　　014
5. 豆雁 Bean Goose *Anser fabalis*　　　015
6. 短嘴豆雁 Tundra Bean Goose *Anser serrirostris*　　　016
7. 白额雁 Great White-fronted Goose *Anser albifrons*　　　017
8. 灰雁 Graylag Goose *Anser anser*　　　018
9. 黑雁 Brant *Branta bernicla*　　　019

10. 疣鼻天鹅 Mute Swan *Cygnus olor* — 020

11. 大天鹅 Whooper Swan *Cygnus cygnus* — 021

12. 小天鹅 Tundra Swan *Cygnus columbianus* — 022

13. 翘鼻麻鸭 Common Shelduck *Tadorna tadorna* — 023

14. 赤麻鸭 Ruddy Shelduck *Tadorna ferruginea* — 024

15. 鸳鸯 Mandarin Duck *Aix galericulata* — 025

16. 赤膀鸭 Gadwall *Mareca strepera* — 026

17. 罗纹鸭 Falcated Duck *Mareca falcata* — 027

18. 赤颈鸭 Eurasian Wigeon *Mareca penelope* — 028

19. 绿头鸭 Mallard *Anas platyrhynchos* — 029

20. 斑嘴鸭 Eastern Spot-billed Duck *Anas zonorhyncha* — 030

21. 针尾鸭 Northern Pintail *Anas acuta* — 031

22. 绿翅鸭 Green-winged Teal *Anas crecca* — 032

23. 琵嘴鸭 Northern Shoveler *Spantula clypeata* — 033

24. 白眉鸭 Garganey *Spantula querquedula* — 034

25. 花脸鸭 Baikal Teal *Sibirionetta formosa* — 035

26. 红头潜鸭 Common Pochard *Aythya ferina* — 036

27. 凤头潜鸭 Tufted Duck *Aythya fuligula* — 037

28. 鹊鸭 Common Goldeneye *Bucephala clangula* — 038

29. 斑头秋沙鸭 Smew *Mergellus albellus* — 040

30. 普通秋沙鸭 Common Merganser *Mergus merganser* — 041

31. 红胸秋沙鸭 Red-breasted Merganser *Mergus serrator* — 042

32. 中华秋沙鸭 Scaly-sided Merganser *Mergus squamatus* — 043

䴙䴘目 PODICIPEDIFORMES

䴙䴘科 Podicipedidae — **044**

33. 小䴙䴘 Little Grebe *Tachybaptus ruficollis* — 044

34. 凤头䴙䴘 Great Crested Grebe *Podiceps cristatus* — 046

35. 角䴙䴘 Horned Grebe *Podiceps auritus* — 047

36. 黑颈䴙䴘 Black-necked Grebe *Podiceps nigricollis* — 048

鸽形目 COLUMBIFORMES

鸠鸽科 Columbidae — 050

37. 岩鸽 Hill Pigeon *Columba rupestris* — 050
38. 山斑鸠 Oriental Turtle Dove *Streptopelia orientalis* — 051
39. 灰斑鸠 Eurasian Collared Dove *Streptopelia decaocto* — 052
40. 火斑鸠 Red Turtle Dove *Stretopelia tranquebarica* — 053
41. 珠颈斑鸠 Spotted Dove *Streptopelia chinensis* — 054

夜鹰目 CAPRIMULGIFORMES

夜鹰科 Caprimulgidae — 055

42. 普通夜鹰 Grey Nightjar *Caprimulgus indicus* — 055

雨燕科 Apodidae — 056

43. 白喉针尾雨燕 White-throated Needletail *Hirundapus caudacutus* — 056
44. 普通雨燕 Common Swift *Apus apus* — 057
45. 白腰雨燕 Fork-tailed Swift *Apus pacificus* — 058

鹃形目 CUCULIFORMES

杜鹃科 Cuculidae — 059

46. 红翅凤头鹃 Chestnut-winged Cuckoo *Clamator coromandus* — 059
47. 噪鹃 Common Koel *Eudynamys scolopaceus* — 060
48. 北棕腹鹰鹃 Northern Hawk Cuckoo *Hierococcyx hyperythrus* — 061
49. 小杜鹃 Lesser Cuckoo *Cuculus poliocephalus* — 062
50. 四声杜鹃 Indian Cuckoo *Cuculus micropterus* — 063
51. 中杜鹃 Himalayan Cuckoo *Cuculus saturatus* — 064
52. 大杜鹃 Common Cuckoo *Cuculus canorus* — 065

鸨形目 OTIDIFORMES

鸨科 Otididae — 066

53. 大鸨 Great Bustard *Otis tarda* — 066

鹤形目 GRUIFORMES

秧鸡科 Rallidae　　　　　　　　　　　　　　　　　　　**067**

54. 普通秧鸡　Brown-cheeked Rail *Rallus indicus*　　　067
55. 小田鸡　Baillon's Crake *Zapornia pusilla*　　　068
56. 红胸田鸡　Ruddy-breasted Crake *Zapornia fusca*　　　069
57. 斑胁田鸡　Band-bellied Crake *Zapornia paykullii*　　　070
58. 白胸苦恶鸟　White-breasted Waterhen *Amaurornis phoenicurus*　　　071
59. 董鸡　Watercock *Gallicrex cinerea*　　　072
60. 黑水鸡　Common Moorhen *Gallinula chloropus*　　　073
61. 白骨顶　Common Coot *Fulica atra*　　　074

鹤科 Gruidae　　　　　　　　　　　　　　　　　　　**075**

62. 白鹤　Siberian Crane *Grus leucogeranus*　　　075
63. 丹顶鹤　Red-crowned Crane *Grus japonensis*　　　076
64. 灰鹤　Common Crane *Grus grus*　　　077

鸻形目 CHARADRIIFORMES

蛎鹬科 Haematopodidae　　　　　　　　　　　　　　　　　　　**078**

65. 蛎鹬　Eurasian Oystercatcher *Haematopus ostralegus*　　　078

反嘴鹬科 Recurvirostridae　　　　　　　　　　　　　　　　　　　**079**

66. 黑翅长脚鹬　Black-winged Stilt *Himantopus himantopus*　　　079
67. 反嘴鹬　Pied Avocet *Recurvirostra avosetta*　　　080

鸻科 Charadriidae　　　　　　　　　　　　　　　　　　　**081**

68. 凤头麦鸡　Northern Lapwing *Vanellus vanellus*　　　081
69. 灰头麦鸡　Grey-headed Lapwing *Vanellus cinereus*　　　082
70. 金鸻　Pacific Golden Plover *Pluvialis fulva*　　　083
71. 灰鸻　Grey Plover *Pluvialis squatarola*　　　084
72. 长嘴剑鸻　Long-billed Plover *Charadrius placidus*　　　085
73. 金眶鸻　Little Ringed Plover *Charadrius dubius*　　　086
74. 环颈鸻　Kentish Plover *Charadrius alexandrinus*　　　087
75. 蒙古沙鸻　Lesser Sand Plover *Charadrius mongolus*　　　088

76. 铁嘴沙鸻 Greater Sand Plover *Charadrius leschenaultii*	089
77. 东方鸻 Oriental Plover *Charadrius veredus*	090

鹬科 Scolopacidae **091**

78. 丘鹬 Eurasian Woodcock *Scolopax rusticola*	091
79. 姬鹬 Jack Snipe *Lymnocryptes minimus*	092
80. 孤沙锥 Solitary Snipe *Gallinago solitaria*	093
81. 针尾沙锥 Pintail Snipe *Gallinago stenura*	094
82. 大沙锥 Swinhoe's Snipe *Gallinago megala*	095
83. 扇尾沙锥 Common Snipe *Gallinago gallinago*	096
84. 黑尾塍鹬 Black-tailed Godwit *Limosa limosa*	097
85. 斑尾塍鹬 Bar-tailed Godwit *Limosa lapponica*	098
86. 小杓鹬 Little Curlew *Numenius minutus*	099
87. 中杓鹬 Whimbrel *Numenius phaeopus*	100
88. 白腰杓鹬 Eurasian Curlew *Numenius arquata*	101
89. 大杓鹬 Eastern Curlew *Numenius madagascariensis*	102
90. 鹤鹬 Spotted Redshank *Tringa erythropus*	103
91. 红脚鹬 Common Redshank *Tringa totanus*	104
92. 泽鹬 Marsh Sandpiper *Tringa stagnatilis*	105
93. 青脚鹬 Common Greenshank *Tringa nebularia*	106
94. 白腰草鹬 Green Sandpiper *Tringa ochropus*	107
95. 林鹬 Wood Sandpiper *Tringa glareola*	108
96. 灰尾漂鹬 Green-tailed Tattler *Tringa brevipes*	109
97. 翘嘴鹬 Terek Sandpiper *Xenus cinereus*	110
98. 矶鹬 Common Sandpiper *Actitis hypoleucos*	111
99. 翻石鹬 Ruddy Turnstone *Arenaria interpres*	112
100. 大滨鹬 Great Knot *Calidris tenuirostris*	113
101. 红腹滨鹬 Red Knot *Calidris canutus*	114
102. 三趾滨鹬 Sanderling *Calidris alba*	115
103. 红颈滨鹬 Red-necked Stint *Calidris ruficollis*	116
104. 勺嘴鹬 Spoon-billed Sandpiper *Calidris pygmeus*	117

105. 青脚滨鹬 Temminck's Stint *Calidris temminckii*	118
106. 长趾滨鹬 Long-toed Stint *Calidris subminuta*	119
107. 尖尾滨鹬 Sharp-tailed Sandpiper *Calidris acuminata*	120
108. 阔嘴鹬 Broad-billed Sandpiper *Calidris falcinellus*	121
109. 流苏鹬 Ruff *Calidris pugnax*	122
110. 弯嘴滨鹬 Curlew Sandpiper *Calidris ferruginea*	123
111. 黑腹滨鹬 Dunlin *Calidris alpina*	124

三趾鹑科 Turnicidae — **125**

112. 黄脚三趾鹑 Yellow-legged Buttonquail *Turnix tanki*	125

燕鸻科 Glareolidae — **126**

113. 普通燕鸻 Oriental Pratincole *Glareola maldivarum*	126

鸥科 Laridae — **127**

114. 棕头鸥 Brown-headed Gull *Chroicocephalus brunnicephalus*	127
115. 红嘴鸥 Black-headed Gull *Chroicocephalus rudibundus*	128
116. 黑嘴鸥 Saunders's Gull *Saudersilarus saundersi*	130
117. 遗鸥 Relict Gull *Ichthyaetus relictus*	131
118. 渔鸥 Pallas's Gull *Ichthyaetus ichthyaetus*	132
119. 黑尾鸥 Black-tailed Gull *Larus crassirostris*	133
120. 普通海鸥 Mew Gull *Larus canus*	134
121. 小黑背银鸥 Lesser Black-backed Gull *Larus fuscus*	135
122. 西伯利亚银鸥 Siberian Gull *Larus smithsonianus*	136
123. 灰背鸥 Slaty-backed Gull *Larus schistissagus*	138
124. 鸥嘴噪鸥 Gull-billed Tern *Gelochelidon nilotica*	139
125. 红嘴巨燕鸥 Caspian Tern *Hydroprogne caspia*	140
126. 白额燕鸥 Little Tern *Sternula albifrons*	141
127. 黑枕燕鸥 Black-naped Tern *Sterna sumatrana*	142
128. 普通燕鸥 Common Tern *Sterna hirundo*	143
129. 灰翅浮鸥 Whiskered Tern *Chlidonias hybrida*	144
130. 白翅浮鸥 White-winged Tern *Chlidonias leucopterus*	145

潜鸟目 GAVIIFORMES

潜鸟科 Gaviidae — 146

131. 红喉潜鸟 Red-throated Diver *Gavia stellata* — 146

132. 黑喉潜鸟 Black-throated Diver *Gavia arctica* — 147

鹳形目 CICONIIFORMES

鹳科 Ciconiidae — 148

133. 黑鹳 Black Stork *Ciconia nigra* — 148

134. 东方白鹳 Oriental Stork *Ciconia boyciana* — 149

鲣鸟目 SULIFORMES

鸬鹚科 Phalacrocorcidae — 150

135. 海鸬鹚 Pelagic Cormorant *Phalacrocorax pelagicus* — 150

136. 普通鸬鹚 Great Cormorant *Phalacrocorax carbo* — 151

137. 绿背鸬鹚 Japanese Cormorant *Phalacrocorax capillatus* — 152

鹈形目 PELECANIFORMES

鹮科 Threskiornithidae — 153

138. 白琵鹭 Eurasian Spoonbill *Platalea leucorodia* — 153

鹭科 Ardeidae — 154

139. 大麻鳽 Eurasian Bittern *Botaurus stellaris* — 154

140. 黄斑苇鳽 Yellow Bittern *Ixobrychus sinensis* — 155

141. 紫背苇鳽 Von Schrenck's Bittern *Ixobrychus eurhythmus* — 156

142. 栗苇鳽 Cinnamon Bittern *Ixobrychus cinnamomeus* — 157

143. 黑苇鳽 Black Bittern *Ixobrychus flavicollis* — 158

144. 夜鹭 Night Heron *Nycticorax nycticorax* — 159

145. 绿鹭 Striated Heron *Butorides striata* — 160

146. 池鹭 Chinese Pond Heron *Ardeola bacchus* — 161

147. 牛背鹭 Cattle Egret *Bubulcus ibis* — 162

148. 苍鹭 Grey Heron *Ardea cinerea* — 164

149. 草鹭 Purple Heron *Ardea purpurea*　　　165

150. 大白鹭 Great Egret *Ardea alba*　　　166

151. 中白鹭 Intermediate Egret *Ardea intermedia*　　　167

152. 白鹭 Little Egret *Egretta garzetta*　　　168

153. 黄嘴白鹭 Chinese Egret *Egretta eulophotes*　　　169

鹰形目 ACCIPITRIFORMES

鹗科 Pandionidae　　　**170**

154. 鹗 Osprey *Pandion haliaetus*　　　170

鹰科 Accipitridae　　　**171**

155. 黑翅鸢 Black-winged Kite *Elanus caeruleus*　　　171

156. 凤头蜂鹰 Oriental Honey Buzzard *Pernis ptilorhynchus*　　　172

157. 秃鹫 Cinereous Vulture *Aegypius monachus*　　　173

158. 白肩雕 Imperial Eagle *Aquila heliaca*　　　174

159. 金雕 Golden Eagle *Aquila chrysaetos*　　　175

160. 白腹隼雕 Bonelli's Eagle *Aquila fasciata*　　　176

161. 赤腹鹰 Chinese Sparrowhawk *Accipiter soloensis*　　　177

162. 松雀鹰 Besra *Accipiter virgatus*　　　178

163. 雀鹰 Eurasian Sparrowhawk *Accipiter nisus*　　　179

164. 苍鹰 Norhern Goshawk *Accipiter gentilis*　　　180

165. 白头鹞 Western Marsh Harrier *Circus aeruginosus*　　　181

166. 白尾鹞 Hen Harrier *Circus cyaneus*　　　182

167. 鹊鹞 Pied Harrier *Circus melanoleucos*　　　183

168. 乌灰鹞 Montagu's Harrier *Circus pygarus*　　　184

169. 黑鸢 Black Kite *Milvus migrans*　　　185

170. 栗鸢 Brahminy Kite *Haliastur indus*　　　186

171. 灰脸鵟鹰 Grey-faced Buzzard *Butastur indicus*　　　187

172. 毛脚鵟 Rough-legged Hawk *Buteo lagopus*　　　188

173. 大鵟 Upland Buzzard *Buteo hemilasius*　　　189

174. 普通鵟 Eastern Buzzard *Buteo japonicus*　　　190

鸮形目 STRIGIFORMES

鸱鸮科 Strigidae — 191

175. 北领角鸮 Japanese Scops Owl *Otus semitorques* — 191
176. 红角鸮 Oriental Scops Owl *Otus sunia* — 192
177. 雕鸮 Eurasian Eagle-owl *Bubo bubo* — 194
178. 灰林鸮 Tawny Owl *Strix aluco* — 195
179. 斑头鸺鹠 Asian Barred Owlet *Glaucidium cuculoides* — 196
180. 纵纹腹小鸮 Little Owl *Athene noctua* — 197
181. 日本鹰鸮 Northern Boobook *Ninox japonica* — 198
182. 长耳鸮 Long-eared Owl *Asio otus* — 199
183. 短耳鸮 Short-eared Owl *Asio flammeus* — 200

草鸮科 Tytonidae — 201

184. 草鸮 Eastern Grass Owl *Tyto longimembris* — 201

犀鸟目 BUCEROTIFORMES

戴胜科 Upupidae — 202

185. 戴胜 Common Hoopoe *Upupa epops* — 202

佛法僧目 CORACIIFORMES

佛法僧科 Coraciidae — 204

186. 三宝鸟 Dollarbird *Eurystomus orientalis* — 204

翠鸟科 Alcedinidae — 205

187. 蓝翡翠 Black-capped Kingfisher *Halcyon pileata* — 205
188. 普通翠鸟 Common Kingfisher *Alcedo atthis* — 206
189. 冠鱼狗 Crested Kingfisher *Megaceryle lugubris* — 207
190. 斑鱼狗 Lesser Pied Kingfisher *Ceryle rudis* — 208

啄木鸟目 PICIFORMES

啄木鸟科 Picidae — 209

191. 蚁䴕 Eurasian Wryneck *Jynx torquilla* — 209

192. 棕腹啄木鸟 Rufous-bellied Woodpecker *Dendrocopos hyperythrus*	210
193. 星头啄木鸟 Grey-capped Woodpecker *Dendrocopos canicapillus*	211
194. 大斑啄木鸟 Great Spotted Woodpecker *Dendrocopos major*	212
195. 灰头绿啄木鸟 Grey-headed Woodpecker *Picus canus*	213

隼形目 FALCONIFORMES

隼科 Falconidae	**214**
196. 红隼 Common Kestrel *Falco tinnunculus*	214
197. 红脚隼 Red-footed Falcon *Falco amurensis*	215
198. 灰背隼 Merlin *Falco columbarius*	216
199. 燕隼 Eurasian Hobby *Falco subbuteo*	217
200. 猎隼 Saker Falcon *Falco cherrug*	218
201. 游隼 Peregrine Falcon *Falco peregrinus*	219

雀形目 PASSERIFORMES

黄鹂科 Oriolidae	**220**
202. 黑枕黄鹂 Black-napped Oriole *Oriolus chinensis*	220
山椒鸟科 Campephagidae	**221**
203. 暗灰鹃鵙 Black-winged Cuckoo-shrike *Lalage melaschistos*	221
204. 灰山椒鸟 Ashy Minivet *Pericrocotus divaricatus*	222
205. 长尾山椒鸟 Long-tailed Minivet *Pericrocotus ethologus*	223
卷尾科 Dicruridae	**224**
206. 黑卷尾 Black Drongo *Dicrurus macrocercus*	224
207. 发冠卷尾 Hair-crested Drongo *Dicrurus hottentottus*	225
伯劳科 Laniidae	**226**
208. 虎纹伯劳 Tiger Shrike *Lanius tigrinus*	226
209. 牛头伯劳 Bull-headed Shrike *Lanius bucephalus*	228
210. 红尾伯劳 Brown Shrike *Lanius cristatus*	229
211. 棕背伯劳 Long-tailed Shrike *Lanius schach*	230
212. 灰背伯劳 Grey-backed Shrike *Lanius tephronotus*	231

213. 灰伯劳 Great Grey Shrike *Lanius excubitor* — 232

214. 楔尾伯劳 Chinese Gray Shrike *Lanius sphenocercus* — 233

鸦科 Corvidae — 234

215. 灰喜鹊 Azure-winged Magpie *Cyanopica cyanus* — 234

216. 红嘴蓝鹊 Red-billed Blue Magpie *Urocissa erythrorhyncha* — 235

217. 喜鹊 Common Magpie *Pica pica* — 236

218. 红嘴山鸦 Red-billed Chough *Pyrrhocorax pyrrhocorax* — 237

219. 达乌里寒鸦 Daurian Jackdaw *Corvus dauuricus* — 238

220. 秃鼻乌鸦 Rook *Corvus frugilegus* — 239

221. 小嘴乌鸦 Carrion Crow *Corvus corone* — 240

222. 白颈鸦 Collared Crow *Corvus pectoralis* — 241

223. 大嘴乌鸦 Large-billed Crow *Corvus macrorhynchos* — 242

山雀科 Paridae — 243

224. 煤山雀 Coal Tit *Periparus ater* — 243

225. 黄腹山雀 Yellow-bellied Tit *Pardaliparus venustulus* — 244

226. 沼泽山雀 Marsh Tit *Poecile palustris* — 245

227. 大山雀 Cinereous Tit *Parus cinereus* — 246

攀雀科 Remizidae — 247

228. 中华攀雀 Chinese Penduline Tit *Remiz consobrinus* — 247

百灵科 Alaudidae — 248

229. 大短趾百灵 Greater Short-toed Lark *Calandrella brachydactyla* — 248

230. 短趾百灵 Asian Short-toed Lark *Alaudala cheleensis* — 249

231. 凤头百灵 Crested Lark *Galerida cristata* — 250

232. 云雀 Eurasian Skylark *Alauda arvensis* — 251

233. 小云雀 Oriental Skylark *Alauda gulgula* — 252

扇尾莺科 Cisticolidae — 253

234. 棕扇尾莺 Zitting Cisticola *Cisticola juncidis* — 253

235. 纯色山鹪莺 Plain Prinia *Prinia inornata* — 254

苇莺科 Acrocephalidae — 255

236. 东方大苇莺 Oriental Reed Warbler *Acrocephalus orientalis* — 255

237. 黑眉苇莺　Black-browed Reed Warbler *Acrocephalus bistrigiceps*	256
238. 细纹苇莺　Streaked Reed Warbler *Acrocephalus sorghophilus*	257
239. 钝翅苇莺　Blunt-winged Warbler *Acrocephalus concinens*	258
240. 远东苇莺　Manchurian Reed Warbler *Acrocephalus tangorum*	259
241. 厚嘴苇莺　Thick-billed Warbler *Arundinax aedon*	260
蝗莺科 Locustellidae	**261**
242. 北短翅蝗莺　Baikal Bush Warbler *Locustella davidi*	261
243. 矛斑蝗莺　Lanceolated Warbler *Locustella lanceolata*	262
244. 北蝗莺　Middendorf's Grasshopper Warbler *Locustella ochotensis*	263
245. 小蝗莺　Pallas's Grasshopper Warbler *Locustella certhiola*	264
燕科 Hirundinidae	**265**
246. 崖沙燕　Sand Martin *Riparia riparia*	265
247. 家燕　Barn Swallow *Hirundo rustica*	266
248. 毛脚燕　Common House Martin *Delichon urbicum*	267
249. 金腰燕　Red-rumped Swallow *Cecropis daurica*	268
鹎科 Pycnonotidae	**269**
250. 白头鹎　Light-vented Bulbul *Pycnonotus sinensis*	269
251. 栗耳短脚鹎　Brown-eared Bulbul *Hypsipetes amaurotis*	270
柳莺科 Phylloscopidae	**271**
252. 褐柳莺　Dusky Warbler *Phyllosopus fuscatus*	271
253. 棕腹柳莺　Buff-throated Warbler *Phylloscopus subaffinis*	272
254. 棕眉柳莺　Yellow-streaked Warbler *Phylloscopus armandii*	273
255. 巨嘴柳莺　Radde's Warbler *Phylloscopus schwarzi*	274
256. 云南柳莺　Chinese Leaf Warbler *Phylloscopus yunnanensis*	275
257. 黄腰柳莺　Pallas's Leaf Warbler *Phylloscopus proregulus*	276
258. 黄眉柳莺　Yellow-browed Warbler *Phylloscopus inornatus*	277
259. 极北柳莺　Arctic Warbler *Phylloscopus borealis*	278
260. 双斑绿柳莺　Two-barred Warbler *Phylloscopus plumbeitarsus*	279
261. 淡脚柳莺　Pale-legged Warbler *Phylloscopus tenellipes*	280

262. 乌嘴柳莺 Large-billed Warbler *Phylloscopus magnirostris*　281

263. 冕柳莺 Eastern Crowned Warbler *Phylloscopus coronatus*　282

树莺科 Cettiidae　283

264. 短翅树莺 Japanese Bush Warbler *Horornis diphone*　283

265. 远东树莺 Manchurian Bush Warbler *Horornis canturians*　284

266. 鳞头树莺 Asian Stubtail *Urosphena squameiceps*　285

长尾山雀科 Aegithalidae　286

267. 银喉长尾山雀 Silver-throated Bushtit *Aegithalos glaucogularis*　286

莺鹛科 Sylviidae　287

268. 棕头鸦雀 Vinous-throated Parrotbill *Sinosuthora webbiana*　287

269. 震旦鸦雀 Reed Parrotbill *Paradoxornis heudei*　288

绣眼鸟科 Zosteropidae　289

270. 红胁绣眼鸟 Chestnut-flanked White-eye *Zosterops erythropleurus*　289

271. 暗绿绣眼鸟 Japanese White-eye *Zosterops japonicus*　290

旋木雀科 Certhiidae　291

272. 欧亚旋木雀 Eurasian Treecreeper *Certhia familiaris*　291

鹪鹩科 Troglodytidae　292

273. 鹪鹩 Eurasian Wren *Troglodytes troglodytes*　292

椋鸟科 Sturnidae　293

274. 八哥 Crested Myna *Acridotheres cristatellus*　293

275. 丝光椋鸟 Silky Starling *Spodiopsar sericeus*　294

276. 灰椋鸟 White-cheeked Starling *Spodiopsar cineraceus*　295

277. 北椋鸟 Daurian Starling *Agropsar sturninus*　296

鸫科 Turdidae　297

278. 白眉地鸫 Siberian Thrush *Geokichla sibirica*　297

279. 虎斑地鸫 White's Thrush *Zoothera aurea*　298

280. 灰背鸫 Grey-backed Thrush *Turdus hortulorum*　299

281. 乌鸫 Chinese Blackbird *Turdus mandarinus*　300

282. 白眉鸫 Eyebrowed Thrush *Turdus obscurus*　301

283. 白腹鸫 Pale Thrush *Turdus pallidus*　302

284. 赤颈鸫　Red-throated Thrush *Turdus ruficollis*　303

285. 红尾斑鸫　Naumann's Thrush *Turdus naumanni*　304

286. 斑鸫　Dusky Thrush *Turdus eunomus*　305

287. 宝兴歌鸫　Chinese Thrush *Turdus mupinensis*　306

鹟科　Muscicapidae　**307**

288. 红尾歌鸲　Rufous-tailed Robin *Larvivora sibilans*　307

289. 蓝歌鸲　Siberian Blue Robin *Larvivora cyane*　308

290. 红喉歌鸲　Siberian Rubythroat *Calliope calliope*　309

291. 蓝喉歌鸲　Bluethroat *Luscinia svecica*　310

292. 红胁蓝尾鸲　Orange-flanked Bluetail *Tarsiger cyanurus*　311

293. 蓝额红尾鸲　Blue-fronted Redstart *Phoenicuropsis frontalis*　312

294. 北红尾鸲　Daurian Redstart *Phoenicurus auroreus*　313

295. 红腹红尾鸲　White-winged Redstart *Phoenicurus erythrogastrus*　314

296. 红尾水鸲　Plumbeous Water Redstart *Rhyacornis fuliginosa*　315

297. 黑喉石䳭　Siberian Stonechat *Saxicola maurus*　316

298. 蓝矶鸫　Blue Rock Thrush *Monticola solitarius*　317

299. 白喉矶鸫　White-throated Rock Thrush *Monticola gularis*　318

300. 灰纹鹟　Grey-streaked Flycatcher *Muscicapa griseisticta*　319

301. 乌鹟　Dark-sided Flycatcher *Muscicapa sibirica*　320

302. 北灰鹟　Asian Brown Flycatcher *Muscicapa dauurica*　321

303. 白眉姬鹟　Yellow-rumped Flycatcher *Ficedula zanthopygia*　322

304. 黄眉姬鹟　Narcissus Flycatcher *Ficedula narcissina*　323

305. 鸲姬鹟　Mugimaki Flyctcher *Ficedula mugimaki*　324

306. 红喉姬鹟　Taiga Flycatcher *Ficedula albicilla*　325

307. 白腹蓝鹟　Blue-and-white Flycatcher *Cyanoptila cyanomelana*　326

戴菊科　Regulidae　**327**

308. 戴菊　Goldcrest *Regulus regulus*　327

太平鸟科　Bombycillidae　**328**

309. 太平鸟　Bohemian Waxwing *Bombycilla garrulus*　328

310. 小太平鸟　Japanese Waxwing *Bombycilla japonica*　329

岩鹨科 Prunellidae — 330

311. 领岩鹨 Alpine Accentor *Prunella collaris* — 330

312. 棕眉山岩鹨 Siberian Accentor *Prunella montanella* — 331

雀科 Passeridae — 332

313. 山麻雀 Russet Sparrow *Passer cinnamomeus* — 332

314. 麻雀 Eurasian Tree Sparow *Passer montanus* — 333

鹡鸰科 Motacillidae — 334

315. 山鹡鸰 Forest Wagtail *Dendronanthus indicus* — 334

316. 黄鹡鸰 Eastern Yellow Wagtail *Motacilla tschutschensis* — 335

317. 黄头鹡鸰 Citrine Wagtail *Motacilla citreola* — 336

318. 灰鹡鸰 Gray Wagtail *Motacilla cinerea* — 337

319. 白鹡鸰 White Wagtail *Motacilla alba* — 338

320. 田鹨 Richard's Pipit *Anthus richardi* — 339

321. 布氏鹨 Blyth's Pipit *Anthus godlewskii* — 340

322. 树鹨 Olive-backed Pipit *Anthus hodgsoni* — 341

323. 北鹨 Pechora Pipit *Anthus gustavi* — 342

324. 粉红胸鹨 Rosy Pipit *Anthus roseatus* — 343

325. 红喉鹨 Red-throated Pipit *Anthus cervinus* — 344

326. 黄腹鹨 Buff-bellied Pipit *Anthus rubescens* — 345

327. 水鹨 Water Pipit *Anthus spinoletta* — 346

燕雀科 Fringillidae — 347

328. 燕雀 Brambling *Fringilla montifringilla* — 347

329. 锡嘴雀 Hawfinch *Coccothraustes coccothraustes* — 348

330. 黑尾蜡嘴雀 Chinese Grosbeak *Eophona migratoria* — 349

331. 黑头蜡嘴雀 Japanese Grosbeak *Eophona personata* — 350

332. 红腹灰雀 Eurasian Bullfinch *Pyrrhula pyrrhula* — 351

333. 普通朱雀 Common Rosefinch *Carpodacus erythrinus* — 352

334. 长尾雀 Long-tailed Rosefinch *Carpodacus sibiricus* — 353

335. 北朱雀 Pallas's Rosefinch *Carpodacus roseus* — 354

336. 金翅雀 Grey-capped Greenfinch *Chloris sinica* — 355

337. 白腰朱顶雀 Common Redpoll *Acanthis flammea* — 356

338. 红交嘴雀 Red Crossbill *Loxia curvirostra* — 357

339. 黄雀 Eurasian Siskin *Spinus spinus* — 358

铁爪鹀科 Calcariidae — 359

340. 铁爪鹀 Lapland Longspur *Calcarius lapponicus* — 359

鹀科 Emberizidae — 360

341. 三道眉草鹀 Meadow Bunting *Emberiza cioides* — 360

342. 白眉鹀 Tristram's Bunting *Emberiza tristrami* — 361

343. 栗耳鹀 Chestnut-eared Bunting *Emberiza fucata* — 362

344. 小鹀 Little Bunting *Emberiza pusilla* — 363

345. 黄眉鹀 Yellow-browed Bunting *Emberiza chrysophrys* — 364

346. 田鹀 Rustic Bunting *Emberiza rustica* — 365

347. 黄喉鹀 Yellow-throated Bunting *Emberiza elegans* — 366

348. 黄胸鹀 Yellow-breasted Bunting *Emberiza aureola* — 367

349. 栗鹀 Chestnut Bunting *Emberiza rutila* — 368

350. 灰头鹀 Black-faced Bunting *Emberiza spodocephala* — 369

351. 苇鹀 Pallas's Bunting *Emberiza pallasi* — 370

352. 红颈苇鹀 Ochre-rumped Bunting *Emberiza yessoensis* — 371

353. 芦鹀 Reed Bunting *Emberiza schoeniclus* — 372

附表 昆嵛山鸟类名录 — 373

主要参考文献 — 391

第 一 部 分

总 论

昆嵛山鸟类图鉴

昆嵛山自然概况

山东昆嵛山国家级自然保护区位于山东半岛东部,地理坐标为东经121°37′0″~121°51′0″,北纬37°12′20″~37°18′50″,保护区跨烟台市和威海市,总面积15 416.5 hm^2。

昆嵛山保护区地处华北地台胶东隆起区胶北古隆起的中部。地层为晚元古代胶东群第二岩组和新生代第四纪冲洪积物。属长白山系崂山山脉,主峰泰礴顶海拔923 m,相对高差近900 m。岩体主要为岩浆岩,约占80%。岩石以花岗岩分布最广,片麻岩、石英斑岩少量分布。昆嵛山保护区土壤以棕壤为主,局部有少量山顶草甸土。质地多为沙壤质,结构疏松,层次明显,腐殖质层厚度变化很大,有机质及养分含量较高,pH值在4.5~5.5之间,呈酸性或微酸性。

昆嵛山保护区是局部南北水系的分水岭,有四条河流发源于此,其中汉河、沁水河向北,木渚河、黄垒河向南均注入黄海。区内外分布米山、龙泉、昆嵛山和瓦善4座大中型水库,是该地区居民重要的生产生活用水资源。

昆嵛山保护区具有典型的暖温带植物区系成分,是我国及东北亚赤松(*Pinus densiflora*)的天然分布中心,也是我国面积最大、保护最完整的天然赤松林生态系统分布区,主要有赤松天然林、赤松阔叶混交林、栎类落叶阔叶林、灌草丛、草甸等植物群落。

保护区气候属暖温带季风型大陆性气候,受太平洋暖湿气流和西伯利亚干冷气流控制,具有四季分明、季风显著、雨热同期、空气湿润、温差较小和光照充足等特点。年均气温11.9 ℃,年均降水984.4 mm,年均蒸发量1 923.4 mm,年均相对湿度71%,无霜期200天左右。季节性干旱和大风是保护区的主要灾害。

昆嵛山的鸟类

物种组成

如附表所示，烟台昆嵛山地区共有鸟类20目62科170属353种，其中非雀形目19目31科98属201种，雀形目31科72属152种，分别占56.9%和43.1%。国家Ⅰ级重点保护鸟类14种（占总数的4.0%），分别是中华秋沙鸭（*Mergus squamatus*）、大鸨（*Otis tarda*）、白鹤（*Grus leucogeranus*）、丹顶鹤（*G. japonensis*）、勺嘴鹬（*Calidris pygmeus*）、黑嘴鸥（*Saundersilarus saundersi*）、遗鸥（*Ichthyaetus relictus*）、黑鹳（*Ciconia nigra*）、东方白鹳（*C. boyciana*）、秃鹫（*Aegypius monachus*）、白肩雕（*Aquila heliaca*）、金雕（*A. chrysaetos*）、猎隼（*Falco cherrug*）和黄胸鹀（*Emberiza aureola*）。国家Ⅱ级重点保护鸟类60种（占总数的17.0%），其中鸭科8种——鸿雁（*Anser cygnoid*）、白额雁（*A. albifrons*）、疣鼻天鹅（*Cygnus olor*）、大天鹅（*C. cygnus*）、小天鹅（*C. columbianus*）、鸳鸯（*Aix galericulata*）、花脸鸭（*Sibirionetta formosa*）和斑头秋沙鸭（*Mergellus albellus*）；䴙䴘科2种——角䴙䴘（*Podiceps auritus*）和黑颈䴙䴘（*P. nigricollis*）；鹤科1种——灰鹤（*Grus grus*）；秧鸡科1种——斑胁田鸡（*Zapornia paykullii*）；鹬科6种——小杓鹬（*Numenius minutus*）、白腰杓鹬（*N. arquata*）、大杓鹬（*N. madagascariensis*）、翻石鹬（*Arenaria interpres*）、大滨鹬（*Calidris tenuirostris*）和阔嘴鹬（*C. falcinellus*）；鸬鹚科1种——海鸬鹚（*Phalacrocorax pelagicus*）；鹮科1种——白琵鹭（*Platalea leucorodia*）；鹭科1种——黄嘴白鹭（*Egretta eulophotes*）；鹗科1种——鹗（*Pandion haliaetus*）；鹰科17种——黑翅鸢（*Elanus caeruleus*）、凤头蜂鹰（*Pernis ptilorhyncus*）、白腹隼雕（*Aquila fasciata*）、赤腹鹰（*Accipiter soloensis*）、松雀鹰（*A. virgatus*）、雀鹰（*A. nisus*）、苍鹰（*A. gentilis*）、白头鹞（*Circus aeruginosus*）、白尾鹞（*C. cyaneus*）、鹊鹞（*C. melanoleucos*）、乌灰鹞（*C. pygargus*）、黑鸢（*Milvus migrans*）、栗鸢（*Haliastur indus*）、灰脸鵟鹰（*Butastur indicus*）、毛脚鵟（*Buteo lagopus*）、大鵟（*B. hemilasius*）和普通鵟（*B. japonicus*）；鸱鸮科9种——北领角鸮（*Otus semitorques*）、红角鸮（*O. sunia*）、雕鸮（*Bubo bubo*）、灰林鸮（*Strix aluco*）、斑头鸺鹠（*Glaucidium cuculoides*）、纵纹腹小鸮（*Athene noctua*）、日本鹰鸮（*Ninox japonica*）、长耳鸮

（*Asio otus*）和短耳鸮（*A. flammeus*）；草鸮科1种——草鸮（*Tyto longimembris*）；隼科5种——红隼（*Falco tinnunculus*）、红脚隼（*F. amurensis*）、灰背隼（*F. columbarius*）、燕隼（*F. subbuteo*）和游隼（*F. peregrinus*）；此外还有雀形目的6种，分别是云雀（*Alauda arvensis*）、细纹苇莺（*Acrocephalus sorghophilus*）、震旦鸦雀（*Paradoxornis heudei*）、红胁绣眼鸟（*Zosterops erythropleurus*）、红喉歌鸲（*Calliope calliope*）和红交嘴雀（*Loxia curvirostra*）。国家"三有物种"279种，占总数的79.0%。

国际自然保护联盟物种红色名录（IUCN Red List of Threatened Species）的濒危等级反映某个物种在全球范围内的濒危状况。在上述昆嵛山地区的353种鸟类中，极危（CR）鸟类仅有3种（占0.8%）——白鹤、勺嘴鹬和黄胸鹀；濒危（EN）鸟类有8种（占2.3%）——中华秋沙鸭、大鸨、丹顶鹤、大杓鹬、大滨鹬、东方白鹳、猎隼和细纹苇莺；易危（VU）鸟类有8种（2.3%）——鸿雁、斑胁田鸡、黑嘴鸥、遗鸥、黄嘴白鹭、白肩雕、远东苇莺（*Acrocephalus tangorum*）和田鹀（*Emberiza rustica*）；近危（NT）鸟类19种（占5.4%）——鹌鹑（*Coturnix japonica*）、疣鼻天鹅、大天鹅、小天鹅、鸳鸯、罗纹鸭（*Mareca falcata*）、花脸鸭、角䴙䴘、红胸田鸡（*Zapornia fusca*）、灰鹤、长嘴剑鸻（*Charadrius placidus*）、黑尾塍鹬（*Limosa limosa*）、斑尾塍鹬（*L. lapponica*）、白腰杓鹬（*Numenius arquata*）、红腹滨鹬（*Calidris canutus*）、红颈滨鹬（*C. ruficollis*）、弯嘴滨鹬（*C. ferruginea*）、凤头蜂鹰和震旦鸦雀；其余315种（占89.2%）均为低危（LC）鸟类。

区系成分分析

如上所述，昆嵛山地区共计鸟类20目62科170属353种（附表）。从鸟类的居留特征来看，留鸟58种、夏候鸟106种、冬候鸟37种、旅鸟149种、迷鸟3种，分别占该地区鸟类总数的16.4%、30.0%、10.5%、42.3%和0.9%（图1）。留鸟的主要组成包括非雀形目的雉科、鸠鸽科、啄木鸟科、隼科以及雀形目的鸦科、山雀科、鹎科、长尾山雀科等部分种类；夏候鸟的主要组成包括杜鹃科、秧鸡科、黄鹂科、卷尾科、伯劳科、攀雀科、苇莺科、燕科等部分种类；冬候鸟以鸭科、鸥科种类为主；由于山东半岛地处我国候鸟东部迁徙路线之上，因此该地成了众多候鸟的迁徙停歇站，所以旅鸟的种类数占有较大优势，其主要种类包括鸭科、鹬科、反嘴鹬科、鸦科、鹟科、鹡鸰科等大部分种类；迷鸟仅有3种，分别是白腹隼雕、纯色山鹪莺（*Prinia inornata*）和蓝额红尾鸲（*Phoenicurus frontalis*）。

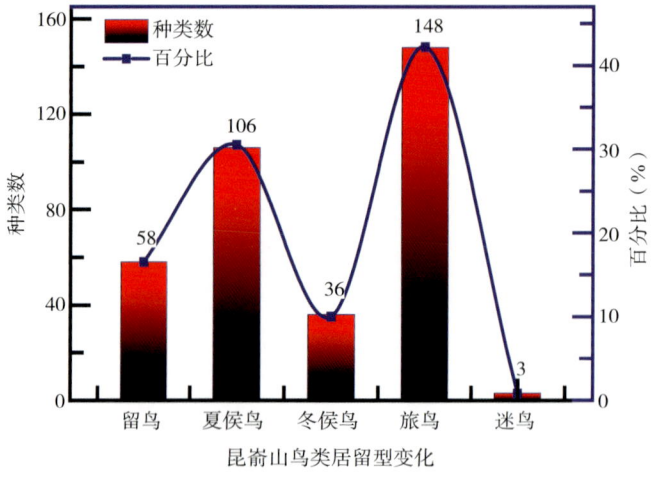

图1　昆嵛山地区鸟类的居留型

从区系成分看，昆嵛山地区共有繁殖鸟类165种（留鸟58种、夏候鸟107种），其中古北界种类70种，东洋界种类46种，广布种49种，分别占昆嵛山自然保护区繁殖鸟类总数的42.4%、27.9%和29.7%（图2）。昆嵛山地区地处山东半岛东部，在中国动物地理区划中属于古北界华北区黄淮平原亚区山东丘陵省，因此其间的古北界种类占绝对优势；再者，古北界和东洋界在我国东部的分界线为淮河流域，南北缺乏地理屏障，虽然东洋界种类较少但仍占有相当比例；正是由于山东半岛南北交汇使得很多广布种类分布于此。

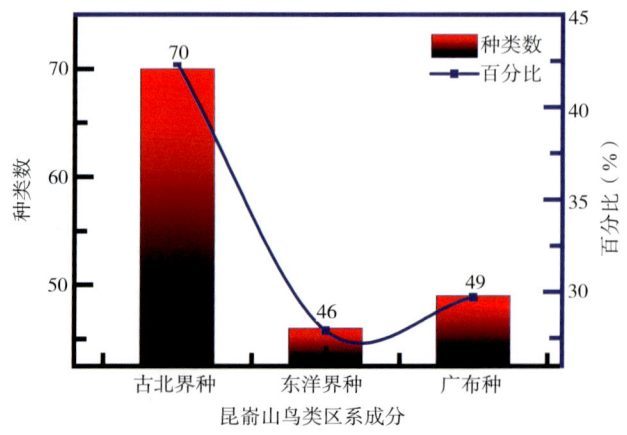

图2　昆嵛山地区鸟类的区系成分

群落组成及物种多样性

1. 群落组成

鸟类的群落组成能够在一定程度上反映某一地区的气候特点和动物地理特征。昆嵛山地处山东半岛，是中国候鸟东部迁徙路线上的停歇驿站。如表1所示，以旅鸟和冬候鸟为主的游禽、涉禽和猛禽无论从目、科、属、种水平上均占有较高的比例。此外昆嵛山保护区植被完整，森林覆盖率较高，因此雀形目的鸣禽在科、属和种水平占有最高的比例。

表1　昆嵛山地区鸟类的群落组成

生态类群	目	科	属	种	备注
游禽	4/20(20.0%)	4/62(6.5%)	16/170(9.4%)	39/353(11.0%)	包括鸥科
涉禽	5/20(25.0%)	13/62(21.0%)	46/170(27.1%)	95/353(26.9%)	
陆禽	2/20(10.0%)	2/62(3.2%)	5/170(2.9%)	8/353(2.2%)	包括鸽形目
猛禽	3/20(15.0%)	5/62(8.0%)	18/170(10.6%)	37/353(10.5%)	
攀禽	5/20(25.0%)	7/62(11.3%)	13/170(7.6%)	22/353(6.2%)	包括夜鹰目
鸣禽	1/20(5.0%)	31/62(50.0%)	72/170(42.4%)	152/353(43.1%)	所有雀形目

2. 鸟类多样性分析

从整体上看，昆嵛山自然保护区的鸟类年际间变化不大（2019年和2020年）。从均匀度指数的年度变化中可以看出（表2、表3；图3、图4），Pielou指数的变化相对较为平稳，这说明昆嵛山保护区的生态环境相对稳定，所以鸟类种群的变化也比较稳定。因此，结合2019年和2020年的数据我们认为，昆嵛山保护区的鸟类多样性比较丰富，生态环境也处在一个较为健康的状态。Pielou均匀度指数与物种的丰富度相关，因此在整体均匀度指数的计算过程中，物种种类及数量上的差异会造成结果上的差异。

通过对昆嵛山自然保护区两年的实地调查并对不同年份的多样性结果进行分析，结果发现：Shannon-wiener指数的变化结果从大到小依次为（1）2019年：6月、7月、4月、10月、11月、9月、8月、3月和12月；（2）2020年：5月、7月、6月、8月、10月、12月和1月（表2、表3；图3、图4）。

表2 2019年昆嵛山自然保护区鸟类群落多样性和均匀度指数

月　份	3	4	6	7	8	9	10	11	12
多样性指数 H'	4.37	4.73	5.10	4.94	4.45	4.47	4.72	4.60	4.18
均匀度指数 E	0.99	1.17	1.14	1.20	1.03	1.06	1.11	1.07	0.99

表3 2020年昆嵛山保护区鸟类群落多样性和均匀度指数

月　份	1	5	6	7	8	9	12
多样性指数 H'	3.78	5.09	4.54	4.71	4.41	4.39	4.14
均匀度指数 E	1.04	1.13	1.39	1.19	1.20	1.03	1.03

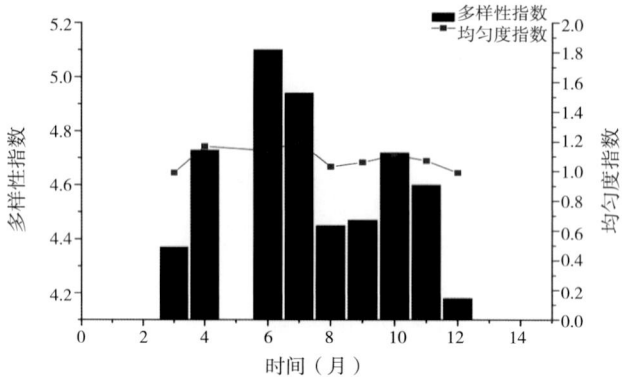

图3 2019年昆嵛山自然保护区鸟类群落多样性变化

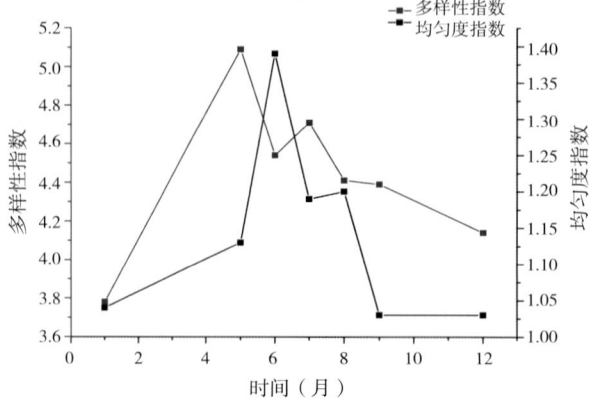

图4 2020年昆嵛山自然保护区鸟类群落多样性变化

各论

第 二 部 分

昆嵛山鸟类图鉴

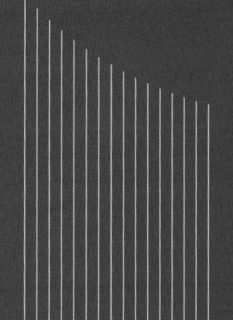

鸡形目 GALLIFORMES　　雉科 Phasianidae

石鸡-于晓平/摄

1 石　鸡　Chukar Partridge　*Alectoris chukar*

鉴别特征　中等体型（38 cm）雉类，体重450～550 g；喉白，黑色过眼纹延伸呈弧形环绕颈侧至上胸成"V"形闭合；背部粉灰，胸皮黄；两胁具显著黑、褐、白相间的粗纵纹；亚种间羽色有差异；虹膜褐色，脚红色。

生态习性　留鸟；植食性为主；成群活动于多岩石的低山、丘陵；繁殖期4～6月，地面巢，窝卵数8～18枚，同步孵化，雌鸟孵卵，雏鸟早成。

分类与分布　国内有6个亚种；国内主要分布于东北、西北和华北地区；华北亚种（*A. c. pubescens*）曾见于昆嵛山保护区，近年来未见踪迹。

保护现状　中国"三有物种"；IUCN（2019）无危（LC）。

鹌鹑-顾晓军/摄

2 鹌 鹑 Japanese Quial *Coturnix japonica*

鉴别特征　小型（20 cm）鹑类，体重55~100 g；上体具褐色、黑色横斑及皮黄色矛状条纹；下体皮黄，胸及两胁具黑色条纹；近白色长眉纹显著；雄鸟夏羽脸、喉和上胸栗色；颈侧两条深褐色带异于三趾鹑，冬羽与西鹌鹑难以区分；虹膜红褐色，嘴灰色，脚肉棕色。

生态习性　夏候鸟；植食性；性隐匿；成小群或成对栖息于矮草地、农田；繁殖期5~7月，一雄多雌制，地面巢，窝卵数7~14枚，雌鸟孵卵，雏鸟早成。

分类与分布　无亚种分化；除新疆、西藏外见于各省；偶见于昆嵛山保护区。

保护现状　中国"三有物种"；IUCN（2019）近危（NT）。

环颈雉（雄）-廖小青/摄

环颈雉（雌）-张岩/摄

3 环颈雉 Common Pheasant *Phasianus colchicus*

鉴别特征 大型（85 cm）雉类，体重1 100～1 800 g（♂），700～1 000 g（♀）；雄鸟头部具黑色光泽，耳羽簇显著，眼周裸皮鲜红色；部分亚种具白色颈圈；满身点缀墨绿色、铜色至金色发光羽毛；两翼灰色，尾长而尖，褐色并带黑色横纹；雌鸟体小色暗，全身密布浅褐色斑纹；虹膜黄色，嘴角质色，脚灰绿。

生态习性 留鸟；杂食性；性机警；善行走；成群活动于林地、灌丛、耕地等多种生境，适应性极强；繁殖期4～7月，一雄多雌制，地面巢，窝卵数16～22枚，雌鸟孵卵，同步孵化，雏鸟早成。

分类与分布 国内分化为19个亚种，广布于除海南外各省；华东亚种（*P. c. torquatus*）常见于昆嵛山地区农田、果园等多种生境。

保护现状 中国"三有物种"；IUCN（2019）无危（LC）。

雁形目　　　　　　　鸭科
ANSERIFORMES　　　Anatidae

鸿雁·冯磊/摄

鸿雁（迁徙群）·于晓平/摄

4　鸿　雁　Swan Goose　*Anser cygnoid*

鉴别特征　大型（88 cm）游禽，体重2 850~4 250 g（♂），2 800~3 700 g（♀）；黑色长嘴与前额成一直线，嘴基环绕狭窄白环；上体灰褐，羽缘皮黄；前颈白，后颈及头顶红褐，前后颈界限明显；虹膜红褐或金黄，嘴黑，脚橙黄或肉红。

生态习性　旅鸟；迁飞时喜鸣叫，队形呈"一"字形或"人"字形；成群栖息于湖泊，喜在近水农田觅食农作物。

分类与分布　无亚种分化；繁殖于西伯利亚、蒙古和中国东北；迁徙途经中国东部、中部至南方越冬；迁徙季节胶东半岛可见。

保护现状　国家Ⅱ级重点保护鸟类；IUCN（2019）易危（VU）。

豆雁-王中强/摄

5 豆 雁 Bean Goose *Anser fabalis*

鉴别特征　大型（90～100 cm）游禽，体重2 200～4 100 g（♂），2 750～3 100 g（♀）；头颈部色深近黑，臀及尾羽基部白色；飞行时较其他灰色雁类色暗而颈长；嘴黑而具橙色次端条带，虹膜暗棕，脚橘黄色。

生态习性　旅鸟；迁飞时喜鸣叫，队形呈"一"字形或"人"字形并时常变换；成群栖息于开阔湖泊、沼泽、海岸和农田，也在地面排队缓步行走；植食性；性机警。

分类与分布　国内有2个亚种；其中中亚亚种（*A. f. middendorffii*）迁徙时途经中国东北、华北至长江中下游及以南地区越冬；胶东半岛迁徙季节可见。

保护现状　中国"三有物种"；IUCN（2019）无危（LC）。

短嘴豆雁·廖小青/摄

6 短嘴豆雁 Tundra Bean Goose *Anser serrirostris**

鉴别特征 大型（80~90 cm）游禽，体重2 200~3 000 g；羽色与豆雁极为相似；区别在于：短嘴豆雁体型略小；额弓陡峭，头较圆；颈较短粗；嘴较短粗（似白额雁）且橙色次端斑较小。虹膜暗棕，嘴黑具橙色次端斑，脚橘黄色。

生态习性 旅鸟；习性与豆雁相同。

分类与分布 国内2个亚种；其中指名亚种（*A. s. serriorstris*）除西南和青藏高原外遍布全国，主要越冬于长江流域和东南沿海；胶东半岛迁徙季节荣成海滨可见少量个体。

保护现状 中国"三有物种"；IUCN（2019）无危（LC）。

*注：由豆雁的普通亚种（*Anser fabalis serrirostris*）提升为种。

短嘴豆雁·廖小青/摄

白额雁-廖小青/摄

白额雁-于晓平/摄

7 白额雁 Great White-fronted Goose *Anser albifrons*

鉴别特征　大型（70～85 cm）游禽，体重2 200～3 500 g；上体大多灰褐色；白色斑块环绕嘴基；胸部具大型黑斑；翼下羽色较灰雁暗但较豆雁浅；虹膜深褐，嘴粉红而基部黄色，脚橘黄。

生态习性　旅鸟或冬候鸟；队形呈"一"字形或"人"字形迁飞；成大群活动于开阔湖泊、沼泽、海滨和农田；常与豆雁、鸿雁混群；性怯，植食性。

分类与分布　国内有2个亚种；其中太平洋亚种（*A. a. frontalis*）迁徙途经中国东北和东部地区；胶东半岛冬季可见小的越冬群体。

保护现状　国家Ⅱ级重点保护物种；IUCN（2019）低危（LC）。

灰雁（越冬群）-廖小青/摄

8 灰 雁 Graylag Goose *Anser anser*

鉴别特征 大型（76 cm）游禽，体重 2 750~3 750 g（♂），2 100~3 050 g（♀）；上体羽灰而羽缘白且具扇贝形图纹；胸浅烟褐色，尾上及尾下覆羽均白；喙扁平，边缘锯齿状；虹膜褐色，嘴、脚粉红。

生态习性 旅鸟；成小群栖息于开阔沼泽、湖泊；性机警；喜在农田、草地觅食，植食性。

分类与分布 国内仅有东方亚种（*A. a. rubrirostris*）在东北和西北地区北部为夏候鸟；迁徙途经中国中部地区至西南、华南地区越冬；迁徙季节途经胶东半岛。

保护现状 中国"三有物种"；IUCN（2019）无危（LC）。

灰雁（繁殖配对）-于晓平/摄

黑雁-顾晓军/摄

9 黑 雁 Brant *Branta bernicla*

鉴别特征　中等体型（62 cm）深灰色雁，体重1 100~1 700 g；灰黑色颈部具狭窄而明显的白色颈环；尾下覆羽白色；虹膜褐色，嘴及脚黑色。

生态习性　旅鸟或冬候鸟；栖息于海湾、河口；涨潮时停歇于沿海港湾，不与其他雁鸭类混群；鸣声高亢嘈杂；植食性，冬季偶食农作物（麦苗等）。

分类与分布　国内仅有北美亚种（*B. b. nigricans*）罕见越冬于渤海、黄海至东南沿海；胶东半岛荣成滨海湿地偶见20~30只的越冬群体。

保护现状　中国"三有物种"；IUCN（2019）无危（LC）

黑雁-顾晓军/摄

疣鼻天鹅（家族群，左雌右雄）-聂延秋/摄

10 疣鼻天鹅 Mute Swan *Cygnus olor*

鉴别特征 体大（150 cm）而优雅的白色天鹅，体重9 650~10 000 g（♂），8 600~8 750 g（♀）；雄鸟前额基部有一特征性黑色疣突；游水时颈部呈S形，两翼常高拱；幼鸟绒灰或污白，嘴灰紫；虹膜褐色，嘴橘黄，脚黑色。

生态习性 旅鸟；飞翔振翅缓慢有力；成群栖息于开阔湖泊、河流、海滨和沼泽；性机警；植食性。

分类与分布 无亚种分化；繁殖于中国新疆中北部、青海柴达木盆地、甘肃西北部和内蒙古；越冬于长江中下游、东南沿海；迁徙时经过东北、华北和胶东半岛。

保护现状 国家Ⅱ级重点保护物种；IUCN（2019）近危（NT）。

疣鼻天鹅（亚成体）-于晓平/摄　　疣鼻天鹅（当年幼鸟）-廖小凤/摄

大天鹅(家族群) -于晓平/摄

11 大天鹅 Whooper Swan *Cygnus cygnus*

鉴别特征 大型(155 cm)白色游禽,体重7 000~12 000 g(♂),6 500~9 000 g(♀);嘴基黄色延至上喙侧缘成尖形;亚成体体羽污白色;虹膜褐色,嘴黑而基部黄色,脚黑色。

生态习性 冬候鸟;习性与小天鹅和疣鼻天鹅类似。

分类与分布 无亚种分化;迁徙经过中国大部分地区;主要越冬于黄河中游湿地(三门峡库区)、黄河三角洲和胶东半岛东部(荣成、威海);偶见于昆嵛山保护区境内水库。

保护现状 国家Ⅱ级重点保护物种;IUCN(2019)近危(NT)。

大天鹅-廖小青/摄

大天鹅(越冬群) -于晓平/摄

小天鹅（迁徙群）-于晓平/摄

12 小天鹅 Tundra Swan *Cygnus columbianus*

鉴别特征 大型（142 cm）白色游禽，体重4 510~7 000 g（♂），3 400~6 400 g（♀）；嘴基部黄色区域较大天鹅小，颈部和嘴比大天鹅略短；上喙侧缘黄色不成尖形；虹膜褐色，嘴黑而基部黄色，脚黑色。

生态习性 冬候鸟；迁飞队形呈"人"字形；栖息于开阔湖泊、沼泽、水流缓慢的河流和邻近苔原低地、沼泽地；常与大天鹅混群；植食性为主。

分类与分布 国内仅有俄罗斯亚种（*C. c. bewickii*）迁徙季节见于中国东北至长江流域；有少量个体在胶东半岛与大天鹅混群越冬。

保护现状 国家Ⅱ级重点保护物种；IUCN（2019）近危（NT）。

小天鹅（当年幼鸟）-廖小青/摄

翘鼻麻鸭-于晓平/摄

13 翘鼻麻鸭 Common Shelduck *Tadorna tadorna*

鉴别特征 大型（60 cm）鸭类，体重960～1 750 g（♂），650～1 200 g（♀）；体羽大都白色；绿黑色头部与鲜红的嘴和额部肉瘤对比鲜明；上胸白色环绕宽的栗色环带；肩羽和尾羽末端黑色，腹中央有一条宽的黑色纵带；雌雄类似但雌鸟色暗；亚成体褐色斑驳，嘴暗红，脸部具白斑；虹膜浅褐色，嘴红色。

生态习性 冬候鸟；栖息于江河、湖泊、海滨及其附近沼泽、沙滩等地；小型动物性食物为主，兼食植物性食物。

分类与分布 无亚种分化；冬季见于各省；昆嵛山境内水库、烟台海滨冬季常见。

保护现状 中国"三有物种"；IUCN（2019）无危（LC）。

翘鼻麻鸭（4成1幼）-廖小青/摄

雁形目 | 鸭科

赤麻鸭-于晓平/摄

14 赤麻鸭 Ruddy Shelduck *Tadorna ferruginea*

鉴别特征 体型较大（63 cm）的游禽，体重1 000~1 500 g（♂），1 088~1 500 g（♀）；全身赤黄褐色，具白色翅斑及铜绿色翼镜；雄鸟有黑色颈环；头顶棕白色；颊、喉、前颈和颈侧淡棕黄色；雌鸟色稍淡，颈基无领环；虹膜褐色，嘴、脚黑色。

生态习性 旅鸟或冬候鸟；栖息于开阔草原、湖泊、农田等环境；以各种谷物、昆虫、甲壳动物、蛙、虾、水生植物为食。

分类与分布 无亚种分化；繁殖于中国东北、西藏和青藏高原；冬季至中、南部越冬；昆嵛山保护区及附近海滨冬季常见。

保护现状 中国"三有物种"；IUCN（2019）无危（LC）。

赤麻鸭-廖小青/摄

鸳鸯（越冬群）-张英军/摄

15 鸳 鸯  Mandarin Duck *Aix galericulata*

鉴 别 特 征 小型（40 cm）而色彩艳丽的鸭类，体重430～600 g（♂），430～550 g（♀）；雄性具醒目白色眉纹和直立独特棕黄色帆状饰羽；雌性体羽亮灰，眼圈白色；虹膜褐色，嘴红色（雄）或灰色（雌），脚黄色。

生 态 习 性 冬候鸟（夏季少量繁殖）；主要栖息于林间清澈溪流、湖泊、水库等；杂食性。

分类与分布 无亚种分化；除青海、新疆、西藏外见于各省；昆嵛山保护区各水库冬季可见。

保 护 现 状 国家Ⅱ级重点保护物种；IUCN（2019）近危（NT）。

鸳鸯（左雄右雌）-于晓平/摄

雁形目 | 鸭科

赤膀鸭（雄）-于晓平/摄

赤膀鸭（前雄后雌）-于晓平/摄

16 赤膀鸭 Gadwall *Mareca strepera*

鉴别特征　中型（50 cm）鸭类，体重550～950 g（♂），550～850 g（♀）；雄鸟头棕，尾黑，次级飞羽具白斑；雌鸟腹部及次级飞羽白色；虹膜褐色，繁殖期雄鸟嘴灰色，其他季节橘黄但中部灰色，脚橘黄。

生态习性　旅鸟或冬候鸟；栖息于江河、湖泊、海滨、沼泽等水域；食性以水生植物为主。

分类与分布　仅有指名亚种（*M. s. strepera*）除青海外见于各省；迁徙时途经胶东半岛；昆嵛山境内水域偶见。

保护现状　中国"三有物种"；IUCN（2019）无危（LC）。

罗纹鸭（左雄右雌）-廖小青/摄

17 罗纹鸭 Falcated Duck *Mareca falcata*

鉴别特征 中型（50 cm）鸭类，体重650～800 g（♂），590～800 g（♀）；雄鸟头顶栗色，绿色闪光冠羽延垂至颈，喉及嘴基部白色；雌鸟暗褐色，两胁具扇贝形纹；具铜棕色翼镜；虹膜褐色，嘴黑色，脚暗灰。

生态习性 旅鸟；主要栖息于江河、湖泊、河湾、河口及其沼泽地带；植食性为主，也吃小型水生无脊椎动物。

分类与分布 无亚种分化；繁殖于中国东北；迁徙途经中国大部分地区至南方越冬；昆嵛山保护区可见。

保护现状 中国"三有物种"；IUCN（2019）近危（NT）。

罗纹鸭（雄）-于晓平/摄

赤颈鸭（雄）-于晓平/摄

18 赤颈鸭 Eurasian Wigeon *Mareca penelope*

鉴别特征 中型（47 cm）鸭类，体重550～900 g（♂），500～650 g（♀）；雄鸟头栗色，冠羽皮黄色，体羽余部多灰色，腹白，尾下覆羽黑色，翼镜绿色；雌鸟通体棕褐或灰褐色，腹白；虹膜棕色，嘴蓝绿色，脚灰色。

生态习性 冬候鸟或旅鸟；成小群栖息于江河、湖泊、水塘、河口、海湾、沼泽等各类水域；善潜水；植食性为主。

分类与分布 无亚种分化；除青海外见于各省；冬季昆嵛山附近水库、鱼塘可见。

保护现状 中国"三有物种"；IUCN（2019）无危（LC）。

赤颈鸭（左雌右雄）-廖小青/摄

19 绿头鸭 Mallard *Anas platyrhynchos*

鉴别特征　中型（58 cm）游禽，体重1 000~1 300 g（♂），900~1 000 g（♀）；雄鸟头及颈深绿色带光泽，具白色颈环；雌鸟褐色，有深色贯眼纹；虹膜褐色，嘴雄鸟黄绿色、雌鸟黑褐色，脚橘黄。

生态习性　冬候鸟或旅鸟；冬季成数十至数百只的大群活动于湖泊、河流、沼泽等水域；植食性为主。

分类与分布　仅有指名亚种（*A. p. platyrhynchos*）繁殖于中国东北和西北地区；越冬于繁殖地以南广大地区；昆嵛山水域极常见。

保护现状　中国"三有物种"；IUCN（2019）无危（LC）。

绿头鸭（越冬群）-时良/摄

斑嘴鸭-时良/摄

20 斑嘴鸭 Eastern Spot-billed Duck *Anas zonorhyncha*

鉴别特征 大中型（60 cm）鸭类，体重1 000～1 300 g（♂），800～1 150 g（♀）；雌雄羽色相似，雌鸟较暗淡；体色多棕褐，具显著白色眉纹，蓝绿色翼镜具光泽；虹膜褐色，嘴黑色而端黄，脚珊瑚红。

生态习性 冬候鸟（夏季少量繁殖）；常与绿头鸭等其他鸭类混群；不善潜水；主要栖息于内陆各类湖泊、水库、江河、水塘、河口、沙洲和沼泽地带；植食性为主。

分类与分布 无亚种分化；广布于全国各省；中国北方为夏候鸟；在繁殖地以南为冬候鸟，部分留鸟；昆嵛山水域极常见。

保护现状 中国"三有物种"；IUCN（2019）无危（LC）。

斑嘴鸭-廖小青/摄

针尾鸭（左雌右雄）-于晓平/摄

21 针尾鸭 Northern Pintail *Anas acuta*

鉴别特征　中型（55 cm）游禽，体重700～820 g（♂），570～750 g（♀）；雄鸟背部具褐白相间的波状横斑，头暗褐，翼镜铜绿色，正中一对尾羽特别延长；雌鸟体型较小，上体黑褐色具黄白色斑纹，尾较雄鸟短；虹膜褐色，嘴蓝灰，脚灰色。

生态习性　旅鸟；栖息于河流、湖泊、鱼塘、沼泽等各种水域；性机警；植食性为主。

分类与分布　无亚种分化；迁徙和越冬季节见于国内各省；昆嵛山及附近水域迁徙季节偶见。

保护现状　中国"三有物种"；IUCN（2019）无危（LC）。

绿翅鸭（雄）-于晓平/摄

22 绿翅鸭 Green-winged Teal *Anas crecca*

鉴别特征　小型（37 cm）鸭类，体重300～410 g（♂），270～400 g（♀）；雄鸟头部深栗色，头顶两侧在眼后具绿色带斑延伸至颈侧；雌性头和后颈棕色，尾下覆羽黑色；雌雄均具金属翠绿色翼镜；虹膜褐色，嘴、脚灰色。

生态习性　冬候鸟；喜成大群；飞行迅速；栖息于开阔大型湖泊、江河、河口、沼泽等地；植食性为主。

分类与分布　仅有指名亚种（*A. c. crecca*）繁殖于东北和新疆西部天山；越冬于黄河流域及以南各省；昆嵛山冬季常见。

保护现状　中国"三有物种"；IUCN（2019）无危（LC）。

琵嘴鸭（与其他鸭类混群）-廖小青/摄

琵嘴鸭（雄）-于晓平/摄

23 琵嘴鸭 Northern Shoveler *Spantula clypeata*

鉴别特征 中型（50 cm）鸭类，体重 1 000～1 300 g（♂），800～1 150 g（♀）；嘴先端铲状，雄鸭腹部栗色，胸白，头深绿色而具光泽；雌鸭褐色斑驳，尾近白色，贯眼纹深色；虹膜褐色，嘴雄鸭黑、雌鸭黄褐色，脚橘黄。

生态习性 旅鸟；成小群栖息于淡水湖畔及江河、湖泊、沿海滩涂等水域；泳姿低伏；以螺、鱼等动物性食物为主，兼食植物性食物。

分类与分布 无亚种分化；繁殖于东北北部和新疆西部；迁徙途经华北、西北至长江中下游及以南地区越冬；昆嵛山境内湿地迁徙季节偶见。

保护现状 中国"三有物种"；IUCN（2019）无危（LC）。

雁形目 | 鸭科

白眉鸭（雄）-李飏/摄

24 白眉鸭　Garganey　*Spantula querquedula*

鉴别特征　小型（40 cm）鸭类，体重260～470 g（♂），240～410 g（♀）；雄鸟头深棕色，眉纹白色；胸、背棕而腹白；翼镜绿色带白边；雌鸟头部具褐色图纹，翼镜暗橄榄色带白色羽缘；虹膜榛栗色，嘴黑色，脚蓝灰。

生态习性　旅鸟；栖息于开阔湖泊、沼泽及山区河流和海滩等地；性机警；植食性为主。

分类与分布　无亚种分化；繁殖于东北北部和新疆西部；迁徙途经中国大部至长江中下游及以南地区越冬；迁徙途经胶东半岛。

保护现状　中国"三有物种"；IUCN（2019）无危（LC）。

花脸鸭（雄）-于晓平/摄

25 花脸鸭 Baikal Teal *Sibirionetta formosa*

鉴别特征 小型（37 cm）鸭类，体重 520~680 g（♂），400~500 g（♀）；雄鸭羽色艳丽，亮绿色脸部具特征性黄色月牙形斑块，翼镜铜绿色；雌鸭似白眉鸭和绿翅鸭，但体稍大且嘴基具白点；虹膜棕色或棕褐色，嘴黑色，脚石板蓝黑色。

生态习性 旅鸟；主要栖息在沼泽、河口、水库、湖泊和水塘；喜集群；夜间觅食，植食性为主。

分类与分布 无亚种分化；除甘肃、新疆和西藏外见于各省；迁徙途经胶东半岛，昆嵛山可见。

保护现状 国家Ⅱ级重点保护鸟类；IUCN（2019）近危（NT）。

红头潜鸭(越冬群) -廖小青/摄

26 红头潜鸭 Common Pochard *Aythya ferina*

鉴别特征 中型(46 cm)鸭类,体重800~1 100 g(♂),600~1 000 g(♀);雄鸟头部栗红色,胸部黑色,背及两胁灰色;雌鸟淡棕色,翼灰色,腹部灰白;虹膜雄鸟红而雌鸟褐,嘴灰而端黑,脚灰色。

生态习性 冬候鸟;成大群栖息于湖泊、水塘、河湾等各类水域;杂食性,以水藻等水生植物为主。

分类与分布 无亚种分化;繁殖于东北极西北部和新疆北部;越冬于黄河流域及以南地区;昆嵛山及附近水域常见。

保护现状 中国"三有物种";IUCN(2019)无危(LC)。

红头潜鸭(左雄右雌) -于晓平/摄

凤头潜鸭（雄）-廖小青/摄

27 凤头潜鸭 Tufted Duck *Aythya fuligula*

鉴别特征 中型（42 cm）潜鸭，体重520～800 g（♂），500～680 g（♀）；雄鸟头、颈、胸和上体亮黑色，头上羽冠明显；雌鸟深褐，有浅色脸颊斑，两胁褐而羽冠短；虹膜黄色，嘴及脚灰色。

生态习性 旅鸟或冬候鸟；主要栖息于湖泊、河流、水库、池塘、沼泽、河口等开阔水面；喜成群；善潜水；杂食性，以水生植物和鱼虾贝壳类为主。

分类与分布 无亚种分化；国内繁殖于东北北部；迁徙途经中国大部至长江以南越冬；胶东半岛迁徙季节可见。

保护现状 中国"三有物种"；IUCN（2019）无危（LC）。

凤头潜鸭（左雄右雌）-于晓平/摄

28 鹊 鸭 Common Goldeneye *Bucephala clangula*

鉴别特征 中型（48 cm）黑白色潜鸭，体重840~1 000 g（♂），500~860 g（♀）；头大而高耸，喙基部具醒目椭圆形白斑，头黑闪绿光；雌鸟略小，具白色颈环，头颈棕褐；虹膜金色，嘴灰黑而端黄，脚黄。

生态习性 旅鸟；单独或成群栖息于江河、湖泊、河口及沿海水域等地；泳姿优雅；性机警；动物性食物为主。

分类与分布 国内仅有指名亚种（*B. c. clangula*）繁殖于中国东北大兴安岭；迁徙途经各省至长江以南越冬；胶东半岛迁徙季节可见。

保护现状 中国"三有物种"；IUCN（2019）无危（LC）。

鹊鸭（越冬群）-于晓平/摄

鹊鸭（左雄右雌）-廖小青/摄

斑头秋沙鸭（2雄1雌）-王中强/摄

29 斑头秋沙鸭 Smew *Mergellus albellus*

鉴别特征　小型（40 cm）秋沙鸭，体重500~690 g（♂），430~560 g（♀）；雄鸟大部白色，头部具短而略耸的冠羽，眼罩、冠羽纹和背部黑色；雌鸟头顶棕色，耳下至颏、胸白色，体余部灰褐色；虹膜褐色，嘴黑，脚灰。

生态习性　旅鸟；冬季成群栖息于湖泊、河流、池塘等地；性机警；善潜水；杂食性，以小型无脊椎动物为主。

分类与分布　无亚种分化；迁徙季节见于各省；昆嵛山境内偶见。

保护现状　国家Ⅱ级重点保护鸟类；IUCN（2019）无危（LC）。

普通秋沙鸭（2雄1雌）-廖小青/摄

30 普通秋沙鸭 Common Merganser *Mergus merganser*

鉴别特征	中等偏大型（68 cm）鸭类，体重1 600～1 900 g（♂），1 300～1 700 g（♀）；雄鸟头部黑色而闪绿色金属光泽，背部黑色，余部白色；雌鸟头部棕色，颏白色，胸腹部白色，背部染深灰色；虹膜褐色，嘴、脚红色。
生态习性	冬候鸟或旅鸟，栖息于内陆湖泊、江河、森林等地；不与其他鸭类混群；善潜水；以鱼类为主食。
分类与分布	国内有2个亚种；其中指名亚种（*M. m. merganser*）除青海、西藏、香港、海南外见于各省；昆嵛山附近水域冬季常见。
保护现状	中国"三有物种"；IUCN（2019）无危（LC）。

普通秋沙鸭（越冬群）-于晓平/摄

雁形目 | 鸭科　041

红胸秋沙鸭（两雄两雌）-于晓平/摄

红胸秋沙鸭（雄）-廖小青/摄

31 红胸秋沙鸭 Red-breasted Merganser *Mergus serrator*

鉴别特征 中等体型（53 cm）的秋沙鸭，体重600～1 100 g（♂），600～900 g（♀）；雄鸟头部和冠羽黑色，上体黑色，下体白色，胸锈红色；雌鸟色暗褐，近红色头部渐变成颈部灰白色；与中华秋沙鸭区别在于胸部棕色，与普通秋沙鸭区别在于胸色深而冠羽更长；虹膜红色，嘴红色，脚橘黄色。

生态习性 旅鸟；常成家族群或小群；生活于河流、湖泊、苔原；性机警；善潜水；以鱼类为主要食物。

分类与分布 无亚种分化；繁殖于黑龙江北部；冬季经中国大部地区至东南沿海省份（包括台湾）越冬；迁徙季节烟台海滨可见。

保护现状 中国"三有物种"；IUCN（2019）无危（LC）。

中华秋沙鸭(雄) -廖小青/摄

32 中华秋沙鸭 Scaly-sided Merganser *Mergus squamatus*

鉴别特征 中等体型(58 cm)秋沙鸭，体重1 000~1 200 g(♂)，800~1 000 g(♀)；雄鸟头、颈黑色，具显著羽冠，两胁白色而具特征性鳞状纹；雌鸟头颈棕褐，羽冠短；胸白区别于红胸秋沙鸭，体侧鳞状纹区别于普通秋沙鸭；虹膜褐色，嘴、脚橘红色。

生态习性 冬候鸟；栖息于林区内湍急河流，有时在开阔湖泊；飞行常贴近水面；主要以鱼类、石蛾幼虫、甲虫、蝼蛄等为食。

分类与分布 无亚种分化；繁殖于中国东北；越冬于华中、华南；迁徙途经胶东半岛，本次调查未见。

保护现状 国家Ⅰ级重点保护物种；IUCN(2019)濒危(EN)。

中华秋沙鸭(雌) -于晓平/摄

雁形目 | 鸭科

鹏䴘目 PODICIPEDIFORMES　　鹏䴘科 Podicipedidae

33 小䴙䴘 Little Grebe *Tachybaptus ruficollis*

鉴别特征　小型（27 cm）深色䴙䴘，体重160～260 g（♂），160～250 g（♀）；繁殖期喉及前颈偏红，头顶深褐色，上体褐色，下体灰色，具明显黄色嘴斑；非繁殖期羽色变淡，上体灰褐色，下体近白色；虹膜黄色，嘴黑色，脚蓝灰。

生态习性　留鸟；栖息于生长芦苇、水草的水域；常成松散群体，善潜水；以鱼虾、水生昆虫、杂草籽为食；繁殖期5～7月，水面浮巢，窝卵数4～8枚，双亲育雏，雏鸟早成。

分类与分布　国内有3个亚种；其中普通亚种（*T. r. poggei*）分布于除台湾外的各省；昆嵛山水域常见。

保护现状　中国"三有物种"；IUCN（2019）无危（LC）。

小䴙䴘（家族群）-于晓平/摄

小䴙䴘（雌性冬羽）-于晓平/摄　　　小䴙䴘（雄性冬羽）-时良/摄

䴙䴘目 | 䴙䴘科　　045

凤头䴙䴘（左雄右雌 冬羽，右下雄性繁殖羽）-廖小青/摄

34 凤头䴙䴘 Great Crested Grebe *Podiceps cristatus*

鉴别特征　中型（45～58 cm）游禽，体重650～870 g（♂），600～800 g（♀）；体型似鸭但嘴侧扁且直而细尖，头具显著黑棕色羽冠，颈部羽毛延长成栗色翎羽，尾短；虹膜近红色，嘴黄色，下颚基部带红色，嘴、脚近黑色。

生态习性　冬候鸟（部分留鸟）；栖息于低山和平原地带的水域，极善潜水；以鱼类、水生昆虫、水生植物为食；繁殖期5～7月，具有特征性求偶炫耀行为，水面浮巢，窝卵数4～5枚，双亲育雏，雏鸟早成。

分类与分布　国内仅有指名亚种（*P. c. cristatus*）除海南外见于各省；昆嵛山水域常见。

保护现状　中国"三有物种"；IUCN（2019）无危（LC）。

角䴙䴘（雄性繁殖羽）-李飏/摄

35 角䴙䴘 Horned Grebe *Podiceps auritus*

鉴别特征 中等体型（33 cm）䴙䴘，体重300～500 g（♂），250～370 g（♀）；繁殖羽头黑且两侧具金栗色饰羽，橙黄色过眼纹与头、颈成对比；两胁深栗色；冬羽头、颈、上体黑褐色；白色嘴端有别于其他䴙䴘；虹膜红色，嘴黑端白，脚蓝灰。

生态习性 旅鸟；冬季成小群活动于近海水面、河口、鱼塘、沼泽地带；善游泳和潜水；以鱼类、水生昆虫、软体动物等为食。

分类与分布 国内仅有指名亚种（*P. a. auritus*）在新疆天山西部繁殖；越冬于长江下游及以南地区；迁徙途经东北、华北等地；胶东半岛有文献记录，本次调查未见。

保护现状 国家Ⅱ级重点保护物种；IUCN（2019）近危（NT）。

36 黑颈䴙䴘 Black-necked Grebe *Podiceps nigricollis*

鉴别特征 中型（30 cm）游禽，体重300~400 g（♂），240~350 g（♀）；外形似小䴙䴘，但头具显著黑棕色羽冠；颈部羽毛延长成栗色翎羽，上体黑褐，下体丝光白色，体侧棕色；虹膜红色，嘴黑色，脚灰黑。

生态习性 旅鸟；成小群栖息于溪流、湖泊、沼泽和苇塘等水域；善潜水；以水生植物、水生昆虫为食。

分类与分布 国内仅有指名亚种（*P. n. nigricollis*）繁殖于中国极东北部和天山西部；冬季南迁见于除西藏、海南外各省；迁徙途经胶东半岛，本次调查未见。

保护现状 国家Ⅱ级重点保护鸟类；IUCN（2019）无危（LC）。

黑颈䴙䴘（迁徙群）-于晓平/摄

黑颈䴙䴘-廖小青/摄

鸽形目 COLUMBIFORMES　　鸠鸽科 Columbidae

岩鸽-于晓平/摄

37 岩鸽　Hill Pigeon　*Columba rupestris*

鉴别特征　中等体型（31 cm）的灰色鸽，体重200～275 g（♂），210～250 g（♀）；翼上具两道黑色横斑；似原鸽但腹部及背色较浅，尾上有宽阔的偏白色次端带，尾基灰色；虹膜浅褐色，嘴黑色，蜡膜肉色，脚红色。

生态习性　留鸟；栖息于山地岩石、悬崖峭壁处和草地、平原；成群且不甚惧人；植食性；繁殖期4～7月，营巢于悬崖峭壁或古建筑，窝卵数2枚，双亲以"鸽乳"育雏，雏鸟晚成。

分类与分布　国内有2个亚种；其中指名亚种（*C. r. rupestris*）广布于国内大部分地区；文献记录昆嵛山保护区有分布，本次调查未见。

保护现状　中国"三有物种"；IUCN（2019）无危（LC）。

山斑鸠-李夏/摄

38 山斑鸠 Oriental Turtle Dove *Streptopelia orientalis*

鉴别特征 中等体型（32 cm）的偏粉色斑鸠，体重230～250 g（♂），190～230 g（♀）；颈侧具黑白色条纹块状斑区别于珠颈斑鸠；体羽羽缘棕色，腰灰，尾羽近黑，尾梢浅灰；下体多偏粉色；虹膜黄色，嘴灰色，脚粉红。

生态习性 留鸟；栖息于低山丘陵、平原和山地林区、农田耕地以及宅旁竹林；植食性为主兼食昆虫；繁殖期4～7月，枝上盘状巢，窝卵数2枚，双亲以"鸽乳"育雏，雏鸟晚成。

分类与分布 国内有4个亚种；其中指名亚种（*S. o. orientalis*）除新疆、台湾外见于各省；昆嵛山常见种类。

保护现状 中国"三有物种"；IUCN（2019）无危（LC）。

灰斑鸠-于晓平/摄

39 灰斑鸠 Eurasian Collared Dove *Streptopelia decaocto*

鉴别特征　中等体型（32 cm）的褐灰色斑鸠，体重170~200 g（♂），150~190 g（♀）；后颈具黑色颈环；色浅而多灰；虹膜褐色，嘴灰色，脚粉红。

生态习性　留鸟；成小群栖息于农田、果园、低山丘陵地带；植食性为主；繁殖期4~8月，窝卵数2枚，双亲共同育雏，雏鸟晚成。

分类与分布　国内有2个亚种；其中指名亚种（*S. d. decaocto*）分布于东北、华北和西北地区；文献记录昆嵛山有分布，本次调查未见。

保护现状　中国"三有物种"；IUCN（2019）无危（LC）。

火斑鸠（雄）-郭陆和/摄

40 火斑鸠 Red Turtle Dove *Stretopelia tranquebarica*

鉴别特征　小型（23 cm）淡酒红色斑鸠，体重90~100 g；显著特征为后颈具黑色半领环；雄鸟头部偏灰，下体偏粉，翼覆羽棕黄；雌鸟色较浅且暗，头暗棕色；虹膜褐色，嘴灰色，脚红色。

生态习性　留鸟或夏候鸟；成对或小群栖息于开阔平原、田野、村庄等地及低山丘陵和林缘地带；以植物浆果、种子、昆虫等为食；繁殖期3~6月，树上盘状巢，窝卵数2枚，双亲育雏，雏鸟晚成。

分类与分布　国内仅有普通亚种（*S. t. humilis*）除新疆外见于各省；昆嵛山境内偶见。

保护现状　中国"三有物种"；IUCN（2019）无危（LC）。

珠颈斑鸠-廖小青/摄

41 珠颈斑鸠 Spotted Dove *Streptopelia chinensis*

鉴别特征　中等体型（30 cm）的粉褐色斑鸠，体重160～180 g；颈侧黑色块斑具白点；尾略显长，外侧尾羽前端白色甚宽，飞羽较体羽色深；虹膜橘黄，嘴黑色，脚粉红色。

生态习性　留鸟；栖息于稀树平原、草地、低山丘陵、农田和城市绿地；主要以植物种子为食；繁殖期4～7月，树上盘状巢，窝卵数2枚，双亲育雏，雏鸟晚成。

分类与分布　国内有3个亚种；其中指名亚种（*S. c. chinensis*）分布于除西藏、新疆外大部分省份；昆嵛山保护区常见。

保护现状　中国"三有物种"；IUCN（2019）无危（LC）。

夜鹰目 CAPRIMULGIFORMES　　夜鹰科 Caprimulgidae

普通夜鹰·廖小青/摄

42　普通夜鹰　Grey Nightjar　*Caprimulgus indicus*

鉴别特征　中等体型（28 cm），体重80～110 g；通体着暗褐色杂斑，喉具白斑；雄鸟尾羽具白色斑纹；雌鸟似雄鸟但白色块斑呈皮黄色；虹膜褐色，嘴偏黑，脚深棕色。

生态习性　夏候鸟；栖息于海拔3 000 m以下阔叶林和针阔叶混交林；夜行性，晨昏活跃，典型的夜鹰式飞行；鸣声尖利、高速、重复；主要以昆虫为食；繁殖期5～8月，地面巢，窝卵数2枚，双亲共同孵卵育雏。

分类与分布　国内有2个亚种；其中普通亚种（*C. i. jotaka*）分布于除新疆、青海外其他各省；昆嵛山夏季可见。

保护现状　中国"三有物种"；IUCN（2019）无危（LC）。

夜鹰目 CAPRIMULGIFORMES　　雨燕科 Apodidae

白喉针尾雨燕-韦铭/摄

43 白喉针尾雨燕
White-throated Needletail *Hirundapus caudacutus*

鉴别特征　体型（20 cm）较大的雨燕，体重100～140 g；颏及喉白色，尾下覆羽白色，三级飞羽具小块白色；背褐，上具银白色马鞍形斑块；虹膜深褐，嘴、脚黑色。

生态习性　夏候鸟；成群栖息于山地悬崖岩石缝隙；飞行迅速且不停歇；空中觅食，主要以双翅目、鞘翅目等飞行性昆虫为食；繁殖期为5～7月，营巢于悬崖石缝和树洞，窝卵数2～6枚，雏鸟晚成。

分类与分布　国内有2个亚种；其中指名亚种（*H. c. caudacutus*）分布于除新疆、西藏之外大部分省份；昆嵛山有文献记录，本次调查未见。

保护现状　中国"三有物种"；IUCN（2019）无危（LC）。

普通雨燕-薛琳/摄

44 普通雨燕 Common Swift *Apus apus*

鉴别特征 中等体型（17 cm）雨燕，体重35～40 g；翼狭长而尖，尾叉深；额及颏偏白，余部棕褐色；虹膜褐色，嘴、腿黑色。

生态习性 夏候鸟；群栖于平原、林地、城市古建筑区；飞行急速不知疲倦，空中捕食昆虫；筑巢于古建筑壁龛、岩石缝隙或洞穴内，窝卵数2～4枚，雏鸟晚成。

分类与分布 仅有北京亚种（*A. a. pekinensis*）繁殖于长江以北地区；昆嵛山有文献记录，本次调查未见。

保护现状 中国"三有物种"；IUCN（2019）无危（LC）。

白腰雨燕-王小平/摄

45 白腰雨燕 Fork-tailed Swift *Apus pacificus*

鉴别特征　体型略大（18 cm）的污褐色雨燕，体重40~50 g；颏偏白，头顶至上背具淡色羽缘；下背、两翅表面和尾上覆羽微具光泽；腰白色，尾长而叉深；虹膜深褐，嘴黑色，脚偏紫色。

生态习性　夏候鸟；成群栖息于陡峻山坡、悬崖、河流、水库等地；飞捕空中各种昆虫；繁殖期5~7月，营巢于悬崖裂缝，窝卵数2~3枚，双亲育雏，雏鸟晚成。

分类与分布　国内有3个亚种；其中指名亚种（*A. p. pacificus*）分布于东北、华北等地；昆嵛山有文献记录，本次调查未见。

保护现状　中国"三有物种"；IUCN（2019）无危（LC）。

鹃形目 杜鹃科
CUCULIFORMES　Cuculidae

红翅凤头鹃-田宁朝/摄

红翅凤头鹃-廖小凤/摄

46 红翅凤头鹃 Chestnut-winged Cuckoo *Clamator coromandus*

鉴别特征 大型（45 cm）黑白色及棕色杜鹃，体重70～110 g；具黑色直立凤头，尾长；背及尾黑色具蓝色光泽，翼栗色，喉及胸橙褐色，颈圈白色，腹部近白；虹膜红褐色，嘴、脚黑色。

生态习性 夏候鸟；栖息于低山丘陵和山麓平原等开阔地带的疏林和灌木林；以毛虫等昆虫为食，偶尔也吃植物果实；繁殖期5～7月，巢寄生。

分类与分布 无亚种分化；华中、西南、华南偶见繁殖鸟；胶东半岛偶见于威海。

保护现状 中国"三有物种"；IUCN（2019）无危（LC）。

噪鹃（雄）-廖小凤/摄

47 噪鹃 Common Koel *Eudynamys scolopaceus*

鉴别特征　体型较大（42 cm）的杜鹃，体重180～240 g；全身黑色（雄鸟）或白色杂灰褐色（雌鸟）；虹膜红色，嘴浅绿，脚蓝灰。

生态习性　夏候鸟；栖息于山地、丘陵等林木茂盛处；隐匿于树冠中昼夜不停地发出嘹亮、重复鸣叫；主要以植物果实、种子和昆虫为食；繁殖期3～8月，巢寄生。

分类与分布　国内有2个亚种；其中华南亚种（*E. s. chinensis*）分布于华北地区以南广大地区；昆嵛山夏季偶见。

保护现状　中国"三有物种"；IUCN（2019）无危（LC）。

噪鹃（雌）-田宁朝/摄

北棕腹鹰鹃-郑秋旸/手绘

48 北棕腹鹰鹃
Northern Hawk Cuckoo *Hierococcyx hyperythrus*

鉴别特征　中等体型（28 cm）的青灰色杜鹃，体重100～120 g；颏黑，喉偏白，枕部具白色条带；上体青灰，胸棕色，腹白，尾羽具黑褐色横斑；虹膜红或黄色，嘴黑而端黄，脚黄色。

生态习性　夏候鸟；栖息于山地森林和林缘灌丛地带；单独活动，喜隐匿在树冠部鸣叫；主要以松毛虫、毛虫、尺蠖等昆虫为食；繁殖期5～6月，巢寄生。

分类与分布　无亚种分化；分布于东北、华北至东南沿海各省；昆嵛山有文献记录，此次调查未见。

保护现状　中国"三有物种"；IUCN（2019）无危（LC）。

北棕腹鹰鹃-刘爱华

鹃形目｜杜鹃科

小杜鹃-张英军/摄

49 小杜鹃 Lesser Cuckoo *Cuculus poliocephalus*

鉴别特征 体型（26 cm）较小，体重50～60 g；眼圈黄色；上体灰色，头、颈及上胸浅灰；下胸及下体余部白色具黑色横斑；尾灰具白色窄边；虹膜褐色，嘴黄端黑，脚黄色。

生态习性 夏候鸟；栖息于河谷疏林灌丛、田野；性孤僻；飞行轻盈迅速；常隐藏在灌丛枝叶间反复鸣叫；主要以松毛虫等昆虫为食；繁殖期6～8月，巢寄生。

分类与分布 无亚种分化；除宁夏、新疆、青海外见于各省；昆嵛山夏季可见。

保护现状 中国"三有物种"；IUCN（2019）无危（LC）。

小杜鹃-于晓平/摄

四声杜鹃-于晓平/摄

50 四声杜鹃 Indian Cuckoo *Cuculus micropterus*

鉴别特征　中等体型（30 cm）偏灰色杜鹃，体重110～130 g；尾灰并具黑色次端斑区别于大杜鹃；灰色头部与深灰色背部成对比；雌鸟多褐色；虹膜红褐，眼圈黄色，上嘴黑色，下嘴偏绿，脚黄色。

生态习性　夏候鸟；栖息于山地森林和山麓平原地带森林；机警而胆怯，行踪不定，边飞边叫；主要以昆虫为食，兼食少量植物性食物；繁殖期5～7月，巢寄生。

分类与分布　国内仅有指名亚种（*C. m. micropterus*）分布于除青海、西藏、台湾外各省；昆嵛山夏季可见。

保护现状　中国"三有物种"；IUCN（2019）无危（LC）。

鹃形目｜杜鹃科

🞔 中杜鹃 Himalayan Cuckoo *Cuculus saturatus*

鉴别特征　体型略小（26 cm）的灰色杜鹃，体重90～130 g；胸及上体灰色，腹部及两胁多具宽横斑；与大杜鹃、四声杜鹃区别在于其胸部横斑较粗；虹膜红褐，眼圈黄色，嘴角质色，脚橘黄色。

生态习性　夏候鸟；栖息于山地、平原林地；无固定活动地点，游动性大，常隐匿于树冠发出低沉、单调和重复鸣叫；主食昆虫；繁殖期5～7月，巢寄生。

分类与分布　国内仅有指名亚种（*C. s. saturatus*）分布于华北以南中国东部；昆嵛山夏季可见。

保护现状　中国"三有物种"；IUCN（2019）无危（LC）。

大杜鹃-廖小青/摄

52 大杜鹃 Common Cuckoo *Cuculus canorus*

鉴别特征 中等体型（32 cm）杜鹃，体重100～150 g（♂），90～110 g（♀）；上体灰色，尾偏黑色；腹部近白而具黑色横斑；"棕红色"变异型雌鸟棕色，背部具黑色横斑；虹膜及眼圈黄色，上嘴黑褐，下嘴黄色，脚黄色。

生态习性 夏候鸟，栖息于山地、丘陵和平原地带森林；单独活动，飞行振翅幅度大且无声，繁殖期边飞边鸣；以昆虫为食；繁殖期5～7月，巢寄生。

分类与分布 国内有3个亚种；其中华西亚种（*C. c. bakeri*）分布于华北地区以南大部分地区；昆嵛山夏季可见。

保护现状 中国"三有物种"；IUCN（2019）无危（LC）。

大杜鹃-张英军/摄

鹃形目 | 杜鹃科

鸨形目 OTIDIFORMES　　鸨科 Otididae

大鸨（左雄右雌）-于晓平/摄

53 大鸨　Great Bustard　*Otis tarda*

鉴别特征　体型硕大（100 cm），体重3 800～10 250 g（♂），3 000～8 500 g（♀）；头灰，颈棕；上体具宽大棕色及黑色横斑，下体及尾下白色；繁殖雄鸟颈前有白色丝状羽；飞行时翼偏白；虹膜黄色，嘴偏黄，脚黄褐。

生态习性　冬候鸟；主要栖息于开阔平原、荒漠、河谷农田；冬季成群，性机警，极难接近，飞行轻盈无声；食物以植物为主，兼食无脊椎动物。

分类与分布　国内2个亚种；其中普通亚种（*O. t. dybowskii*）繁殖于内蒙古东部及黑龙江；越冬于华北、西北及东南各省；近年来极少见到，本次调查仅发现脱落羽毛。

保护现状　国家Ⅰ级重点保护物种；IUCN（2019）易危（VU）。

大鸨（越冬群）-廖小青/摄

鹤形目	秧鸡科
GRUIFORMES	Rallidae

普通秧鸡-于学和/摄

54 普通秧鸡 Brown-cheeked Rail *Rallus indicus*

鉴别特征 中等体型（29 cm）暗深色秧鸡，体重100～150 g；上体多纵纹，头顶褐色，脸灰，眉纹浅灰而眼线深灰；颏白，颈及胸灰色，两胁具黑白色横斑；虹膜红色，嘴红至黑色，脚红色。

生态习性 夏候鸟；栖息于沼泽、水塘、河流、湖泊等水域边缘灌草丛和水稻田；单独活动，机警而隐秘，能快速奔跑；杂食性，以小鱼、甲壳类、蚯蚓、陆生和水生昆虫及其幼虫为食；繁殖期5～7月，单配制，地面巢，窝卵数6～9枚，同步孵化，双亲孵化和育雏，雏鸟早成。

分类与分布 无亚种分化；除新疆、西藏、海南外见于各省；昆嵛山有文献记录，本次调查未见。

保护现状 中国"三有物种"；IUCN（2019）无危（LC）。

小田鸡-王小平/摄

55 小田鸡 Baillon's Crake *Zapornia pusilla*

鉴别特征 纤小（18 cm）灰褐色田鸡，体重35～50 g；嘴短，背部具白色纵纹，两胁及尾下具白色细横纹；雄鸟头顶及上体红褐，具黑白色纵纹，胸及脸灰色；雌鸟色暗，耳羽褐色；与姬田鸡的区别在于其上体褐色较浓且多白色点斑，两胁多横斑；虹膜红色，嘴偏绿，脚淡粉色。

生态习性 夏候鸟；栖息于沼泽型湖泊及多草沼泽地带；单独活动，胆怯而善藏匿，可在浮水植物上快速行走；繁殖期5～7月，地面巢，窝卵数8～10枚，双亲共同孵化，雏鸟早成。

分类与分布 国内仅有指名亚种（*Z. p. pusilla*）除西藏、海南外见于各省；昆嵛山有文献记录，本次调查未见。

保护现状 中国"三有物种"；IUCN（2019）无危（LC）。

红胸田鸡-韦铭/摄

56 红胸田鸡 Ruddy-breasted Crake *Zapornia fusca*

鉴别特征　体小（20 cm）红褐色短嘴田鸡，体重60～70 g；后颈及上体纯褐色，颏、喉白色，胸和上腹深棕红色，腹部及尾下近黑并具白色细横纹；似红腿斑秧鸡及斑肋田鸡，但体型较小且两翼无任何白色；虹膜红色，嘴偏褐，脚红色。

生态习性　夏候鸟；栖息于沼泽、水塘、稻田、湖滨草丛与灌丛；单独活动，性胆怯，善奔跑、隐藏；杂食性；繁殖期3～7月，灌草丛地面营巢，窝卵数5～9枚，同步孵化，双亲共同孵卵育雏，雏鸟早成。

分类与分布　国内有3个亚种；其中普通亚种（*Z. f. erythrothorax*）分布于东北、华北、华东、华南和西北局部；昆嵛山有文献记录，本次调查未见。

保护现状　中国"三有物种"；IUCN（2019）近危（NT）。

鹤形目 | 秧鸡科

斑胁田鸡-郑秋旸/手绘

57 斑胁田鸡 Band-bellied Crake *Zapornia paykullii*

鉴别特征　中等体型（23 cm），体重110～120 g（♂），120～150 g（♀）；色深，嘴短，多具白色点斑；上体基调褐色，具灰、黑及白色纵纹；下体灰而具白点，两胁具黑白色横斑；虹膜褐色，嘴黄而基部红色，脚偏绿。

生态习性　夏候鸟；栖息于沼泽、稻田、湖泊、水库和溪流两岸水草丛；单独活动，性隐匿，善行走，夜行性；主要以昆虫、甲壳类和蜗牛等小型无脊椎动物为食；繁殖期5～7月，地面巢，窝卵数6～9枚。

分类与分布　无亚种分化；繁殖于东北、华北；冬季南迁经过华东和华南地区；昆嵛山周边（威海）有分布。

保护现状　国家Ⅱ级重点保护鸟类；IUCN（2019）易危（VU）。

白胸苦恶鸟-廖小青/摄

58 白胸苦恶鸟
White-breasted Waterhen *Amaurornis phoenicurus*

鉴别特征 体型略大（33 cm）的青灰色和白色苦恶鸟，体重175～260 g（♂），160～250 g（♀）；头顶及上体灰色，脸、额、胸及上腹部白色，下腹及尾下棕色；虹膜红色，嘴偏绿，嘴基红色，脚黄色。

生态习性 夏候鸟；栖息于杂草丛生的河流、湖泊、池塘边缘等湿地生境；晨昏活动，敏捷机警，善奔走；以小型水生动物以及植物种子为食；繁殖期4～7月，地面巢，窝卵数4～10枚，双亲共同孵卵育雏，雏鸟早成。

分类与分布 国内仅有指名亚种（*A. p. phoenicurus*）见于除新疆之外几乎所有省份；昆嵛山及周边地区夏季可见。

保护现状 中国"三有物种"；IUCN（2019）无危（LC）。

鹤形目 | 秧鸡科 | **071**

董鸡（雄）-李思琪/摄

59 董 鸡 Watercock *Gallicrex cinerea*

鉴别特征 体大（40 cm），体重380~510 g（♂），265~395 g（♀）；雄鸟夏羽灰黑色，额部具醒目鲜红色肉质额甲；雌鸟体小，上体褐色，下体具细密横纹；雄鸟冬羽似雌鸟；虹膜褐色，嘴黄绿，脚绿色（繁殖雄鸟红色）。

生态习性 夏候鸟；栖息于芦苇沼泽、稻田、湖边草丛等湿地生境；单独活动，性机警，行走时翘尾点头；杂食性；繁殖期5~9月，地面巢，窝卵数3~8枚，雏鸟早成。

分类与分布 无亚种分化；除新疆、西藏、青海、甘肃外见于各省；昆嵛山夏季偶见。

保护现状 中国"三有物种"；IUCN（2019）无危（LC）。

黑水鸡（成体）-廖小青/摄

60 黑水鸡 Common Moorhen *Gallinula chloropus*

鉴别特征　中等体型（31 cm），体重200～260 g（♂），140～195 g（♀）；雌雄类似；通体青黑色；嘴基与额甲亮红；两胁具宽阔白色细纹，尾上翘时尾下白斑显著；虹膜红色，嘴暗绿色，嘴基红色，脚绿色。

生态习性　留鸟；栖息于富有挺水植物的淡水湿地及稻田；单独活动，不甚惧人，泳姿优雅，善行走于浮水植物之上；杂食性；繁殖期5～7月，苇草丛营巢，窝卵数6～10枚，同步孵化，雌雄轮流，雏鸟早成。

分类与分布　无亚种分化；各省均有分布；多在北纬32°以南越冬；昆嵛山水域常见。

保护现状　中国"三有物种"；IUCN（2019）无危（LC）。

白骨顶-于晓平/摄

61 白骨顶 Common Coot *Fulica atra*

鉴别特征　体大（40 cm）的黑色水鸡，体重500～770 g（♂），470～550 g（♀）；具显著白色嘴及额甲；通体深黑灰色，仅飞行时可见翼上狭窄近白色后缘；虹膜红色，嘴白色，脚灰绿。

生态习性　夏候鸟或留鸟；成群栖息于富有挺水植物的开阔水域；善游泳和潜水，为秧鸡科最不惧人者；植食性为主；繁殖期5～7月，水面芦苇、蒲草丛营巢，窝卵数7～12枚，雌雄轮流孵化，雏鸟早成。

分类与分布　国内仅有指名亚种（*F. a. atra*）为北方各省常见繁殖鸟，大部分迁至北纬32°以南地区越冬；昆嵛山水域极常见。

保护现状　中国"三有物种"；IUCN（2019）无危（LC）。

白骨顶-时良/摄

鹤形目　　　鹤科
GRUIFORMES　　Gruidae

白鹤-钟田毅（大连金重）/摄

62　白　鹤　Siberian Crane　*Grus leucogeranus*

鉴别特征　大型（135 cm）白色鹤类，体重5 100~7 400 g（♂），4 900~6 500 g（♀）；通体白色，脸上裸皮猩红，飞行时黑色初级飞羽明显；幼鸟金棕色；虹膜黄色，嘴、脚暗红色。

生态习性　旅鸟；冬季成家族群或大群栖息于开阔沼泽、湖泊、海滨等湿地；迁飞队形呈"一"字或"人"字形，起飞降落时常发出高亢的鸣叫；机警惧人，难以接近；植食性为主。

分类与分布　无亚种分化；迁徙途经东北、华北至鄱阳湖和长江流域越冬；胶东半岛为迁徙停歇地，昆嵛山有文献记录，本次调查未见。

保护现状　国家Ⅰ级重点保护物种；IUCN（2019）极危（CR）。

白鹤-于振海/摄

丹顶鹤 钟田毅（大连金重）/摄

63 丹顶鹤 Red-crowned Crane *Grus japonensis*

鉴别特征 体型高大（150 cm）而优雅的白色鹤，体重7 750～12 080 g（♂），6 200～11 840 g（♀）；通体多白色；裸出头顶红色；眼先、脸颊、喉及颈侧黑色；自耳羽有宽白色带延伸至颈背；次级飞羽及长而下悬的三级飞羽黑色；虹膜褐色，嘴绿灰色，脚黑色。

生态习性 旅鸟；栖息于开阔平原沼泽、湖泊、海边滩涂、海滨、农田等生境；迁飞队形呈"一"字或"人"字形，飞行姿态缓慢优雅；冬季成群活动，觅食多以家族群为单位；性机警；杂食性。

分类与分布 无亚种分化；国内繁殖于黑龙江北部；迁徙沿海岸线南迁途经辽东半岛、胶东半岛至江苏盐城越冬；昆嵛山有文献记录，本次调查未见。

保护现状 国家Ⅰ级重点保护物种；IUCN（2019）濒危（EN）。

灰鹤(迁徙群) -廖小青/摄

64 灰 鹤 Common Crane *Grus grus*

鉴别特征 中等偏大体型（125 cm）的灰色鹤类，体重4 350~4 850 g（♂），3 000~4 500 g（♀）；顶冠前部黑色，中心红色；头、颈黑色，自眼后有一道宽白色条纹伸至颈背；背部及长而密的三级飞羽略沾褐色；虹膜褐色，喙污绿色，嘴端偏黄，脚黑色。

生态习性 旅鸟；栖息于开阔平原、草地、沼泽、河滩、湖泊以及农田，尤喜富有水生植物的开阔湖泊和沼泽地带；迁飞队形呈"V"形，飞行时常鸣叫；冬季成数百只至上千只的大群；性机警；杂食性。

分类与分布 国内仅有普通亚种（*G. g. lilfordi*）繁殖于新疆巴音布鲁克、乌鲁木齐河沼泽地、内蒙古呼伦贝尔、黑龙江林甸、青海湖、甘肃尕海等；迁徙经过河北、内蒙古、辽宁、山东、河南、陕西等地；胶东半岛迁徙季节可见少量个体。

保护现状 国家Ⅱ级重点保护物种；IUCN（2019）近危（NT）。

灰鹤(越冬家族群) -于晓平/摄

鸻形目　　　　　　　　蛎鹬科
CHARADRIIFORMES　　Haematopodidae

蛎鹬（繁殖配对）-于晓平/摄

65 蛎　鹬　Eurasian Oystercatcher　*Haematopus ostralegus*

鉴别特征　中等体型（44 cm）的黑白色粗壮涉禽，体重515~590 g；红色嘴长直而端钝；上背、头及胸黑色，下体白色；亚成体嘴、虹膜、腿的色彩不如成体鲜艳；虹膜红色，嘴橙红，脚粉红。

生态习性　旅鸟（少量繁殖）；栖息于海滨、河口、沼泽地带；迁徙或越冬可集大群；以甲壳类、软体动物等为食，觅食时沿海滩缓慢行走，将喙插入泥沙探寻，常以錾形嘴撬开贝类取食；繁殖期5~7月，地面巢简陋，窝卵数2~4枚，雏鸟早成。

分类与分布　国内仅有东亚亚种（*H. o. osculans*）繁殖于东北；迁徙途经东部海岸至东南部越冬；烟台海滨迁徙季节可见少量个体，大黑山岛有少量个体繁殖。

保护现状　中国"三有物种"；IUCN（2019）无危（LC）。

蛎鹬（亚成体）-廖小青/摄　　　蛎鹬-于晓平/摄

鸻形目　　反嘴鹬科
CHARADRIIFORMES　　Recurvirostridae

黑翅长脚鹬（迁飞群体）-于晓平/摄

66 黑翅长脚鹬
Black-winged Stilt *Himantopus himantopus*

鉴别特征　高挑（37 cm）的黑白色涉禽，体重150～200 g；红色腿极长；后颈具黑色斑块；上体黑色，余部白色；飞行时腰部楔状白色明显，长腿突出于尾后；虹膜粉红，嘴黑色，脚淡红。

生态习性　旅鸟（部分繁殖）；栖息于内陆、沿海各类湿地；冬季可形成数十只的群体，常集体急速低飞并频繁转换方向和队形；觅食时低头翘尾，肉食性。

分类与分布　国内仅有指名亚种（*H. h. himantopus*）繁殖于东北、内蒙古、河北、山东、河南、山西等地；越冬于福建、广东沿海；昆嵛山及附近水域迁徙季节常见。

保护现状　中国"三有物种"；IUCN（2019）无危（LC）。

黑翅长脚鹬（雄）-廖小青/摄　　黑翅长脚鹬（交尾）-张英军/摄

反嘴鹬（迁徙群体）-廖小青/摄

67 反嘴鹬 Pied Avocet *Recurvirostra avosetta*

鉴别特征　体型大（43 cm）而长喙显著上翘的白色涉禽，体重 280～390 g；头至后颈、肩羽和初级飞羽外侧黑色，身体余部白色；飞行时长腿伸至尾后；虹膜褐色，嘴黑色，脚灰色。

生态习性　旅鸟；栖息于内陆和沿海湿地；冬季可形成数十只、数百只甚至数千只的大群，常在水面上空展示表演式集体飞行；肉食性，觅食时左右摆动头部扫过水面，头部也常没入水中觅食。

分类与分布　无亚种分化；繁殖于中国北部；迁徙时途经中国中部；越冬于东南沿海；昆嵛山及附近水域迁徙季节可见。

保护现状　中国"三有物种"；IUCN（2019）无危（LC）。

反嘴鹬-于晓平/摄

鸻形目　　鸻科
CHARADRIIFORMES　　Charadriidae

凤头麦鸡-廖小青/摄

68 凤头麦鸡　Northern Lapwing　*Vanellus vanellus*

鉴别特征　中等偏大（30 cm）黑白色麦鸡，体重180～270 g；具黑色上翘的凤头；上体深绿沾金属光泽；胸带黑色；腹部白色；飞行时双翼较其他麦鸡短圆，腿不伸出于尾后；虹膜褐色，嘴黑，脚橙褐。

生态习性　旅鸟；常成松散群体活动于近水耕地、矮草地或滩涂；飞行缓慢；杂食性。

分类与分布　无亚种分化；繁殖于内蒙古及以北地区；迁徙时途经我国大部分地区至长江以南越冬；昆嵛山及附近水域迁徙季节可见。

保护现状　中国"三有物种"；IUCN（2019）无危（LC）。

灰头麦鸡（繁殖羽）-于晓平/摄

69 灰头麦鸡 Grey-headed Lapwing *Vanellus cinereus*

鉴别特征 体大（35 cm）亮丽黑、白及灰色麦鸡，体重240～300 g；腿长、颈长，站姿高挑；上体浅褐，头颈灰色，胸带黑色；飞行时翼内侧、腹部和尾上白色清晰可见，黄色长腿突出于尾后；虹膜褐色，嘴黄而端黑，脚黄色。

生态习性 夏候鸟；偏好潮湿草地、农耕地；繁殖期常在空中盘旋、嘶鸣、俯冲攻击入侵者；杂食性；繁殖期5～7月，地面巢简陋，窝卵数3～4枚，同步孵化，雌雄轮流孵卵，雏鸟早成。

分类与分布 无亚种分化；繁殖于我国中东部长江流域以北；越冬于南方沿海各省；昆嵛山及附近湿地可见。

保护现状 中国"三有物种"；IUCN（2019）无危（LC）。

金鸻-于晓平/摄

70 金鸻 Pacific Golden Plover *Pluvialis fulva*

鉴别特征　中等体型（25 cm）的健壮涉禽，体重120～180 g；夏羽下体纯黑；上体杂以金黄色斑点；体侧有一条白带经眉部、颈侧与胸侧大型白斑相连，在上下两色之间极为醒目；冬羽色淡，下体无黑色；飞行时腿稍伸出于尾后；虹膜褐色，嘴黑色，脚灰色。

生态习性　旅鸟；单独或成群栖息于沿海滩涂、内陆草地、农田等；性羞怯而胆小；主要以鞘翅目、鳞翅目和直翅目昆虫等为食。

分类与分布　无亚种分化；迁徙季节见于我国大部；昆嵛山及附近海滨水域常见。

保护现状　中国"三有物种"；IUCN（2019）无危（LC）。

灰鸻-廖小青/摄

71 灰鸻 Grey Plover *Pluvialis squatarola*

鉴别特征 中等体型（28 cm）的健壮涉禽，体重180～230 g；体型较金鸻大，嘴短厚；夏羽基本黑白相间，上体黑白斑驳，腹部黑色；冬羽上体灰褐但不具金鸻的亮黄色；飞行时脚不伸出于尾后；虹膜褐色，嘴黑色，腿灰色。

生态习性 旅鸟；迁徙时见于草地、湖泊、滩涂，偏好海滨潮间带；觅食时漫步沙滩，常与金鸻、滨鹬、塍鹬类混群；人靠近时疾步远离或急速起飞；肉食性。

分类与分布 国内仅有指名亚种（*P. s. squatarola*）迁徙途经青藏高原外中国大部；越冬于长江中下游以南地区；昆嵛山及附近海滨可见。

保护现状 中国"三有物种"；IUCN（2019）无危（LC）。

灰鸻-于晓平/摄

长嘴剑鸻-时良/摄

长嘴剑鸻-于晓平/摄

72 长嘴剑鸻 Long-billed Plover *Charadrius placidus*

鉴别特征　中等偏大（22 cm）的鸻类，体重60～80 g；夏羽具黑色前顶横纹和全胸带，贯眼纹灰褐；尾较剑鸻及金眶鸻长；黄色眼圈不如金眶鸻显著；虹膜褐色，嘴黑色，脚暗黄。

生态习性　旅鸟；单独或结5～6只小群栖息于河滩、海滨；行走迅速；肉食性。

分类与分布　无亚种分化；迁徙时除新疆外见于各省；昆嵛山附近海滨可见。

保护现状　中国"三有物种"；IUCN（2019）近危（NT）。

金䴉鸻-廖小青/摄

73 金眶鸻 Little Ringed Plover *Charadrius dubius*

鉴别特征 体型纤小（16 cm）的鸻类，体重30～50 g；头小、喙尖细；喉部白色并延伸至后颈形成领环；金色眼眶比其他类似种类更显著；头顶和背部浅褐色，腹部白色；虹膜褐色，嘴黑，脚浅黄色。

生态习性 夏候鸟或旅鸟；喜内陆和沿海各种湿地；行走步频和速度很快，时走时停；肉食性；繁殖期5～7月，地面巢简陋，窝卵数3～5枚，雌鸟孵卵，雏鸟早成。

分类与分布 国内有2个亚种；其中普通亚种（*C. d. curonicus*）繁殖于除西南地区以外大部分地区；越冬于东南沿海省份及以南；昆嵛山及附近湿地常见。

保护现状 中国"三有物种"；IUCN（2019）无危（LC）。

金眶鸻-于晓平/摄　　金眶鸻-张英军/摄

环颈鸻(越冬群)-于晓平/摄

74 环颈鸻　Kentish Plover　*Charadrius alexandrinus*

鉴别特征　体型略小（16 cm）而嘴短的褐色及白色鸻，体重35～55 g；头大、颈短，站姿低矮；黑色胸带不完整；飞行时具白色翼上横纹，尾羽外侧更白；虹膜褐色，嘴及脚黑色。

生态习性　夏候鸟；栖息于各种湿地，可在潮间带见到数百上千只的大群；觅食时行动迅速积极；杂食性；繁殖期4～7月，地面巢简陋，窝卵数2～4枚，雌雄共同孵卵，雏鸟早成。

分类与分布　国内有2个亚种；其中华东亚种（*C. a. dealbatus*）繁殖于东北、华北至东南沿海；越冬于长江下游及北纬32°以南沿海；昆嵛山附近湿地常见。

保护现状　中国"三有物种"；IUCN（2019）无危（LC）。

环颈鸻(冬羽)-廖小青/摄

蒙古沙鸻（繁殖羽）-廖小青/摄

75 蒙古沙鸻 Lesser Sand Plover *Charadrius mongolus*

鉴别特征　中等体型（20 cm），体重50~70 g；常与铁嘴沙鸻混群难以区别，略大于环颈鸻，腿短于铁嘴沙鸻；上体褐色暗于铁嘴沙鸻；雄性夏羽眼罩黑色，头至胸带栗色，栗色浓于铁嘴沙鸻，胸带较宽并延伸至胁部；虹膜褐色，嘴黑色，脚深灰。

生态习性　旅鸟；冬季常形成大群与其他涉禽混群活动于沿海滩涂、荒漠、高山带水域；觅食步态缓于环颈鸻，主要以水生昆虫为食。

分类与分布　国内有5个亚种；其中指名亚种（*C. m. mongolus*）迁徙经过中国东北、华北、东南沿海；昆嵛山附近水域可见。

保护现状　中国"三有物种"；IUCN（2019）无危（LC）。

蒙古沙鸻（冬羽）-于晓平/摄

铁嘴沙鸻-李飚/摄

76 铁嘴沙鸻　Greater Sand Plover　*Charadrius leschenaultii*

鉴别特征　中等体型（23 cm）的灰、褐及白色鸻类，体重55～85 g；外形极似蒙古沙鸻，腿略长，头稍大，上体褐色较浅；夏羽胸带较窄且不延伸至胁部；虹膜褐色，嘴黑色，脚黄灰。

生态习性　旅鸟；栖息于沿海滩涂、河湖浅滩、草地等；觅食步态似蒙古沙鸻但更喜欢追逐其他鸻鹬类抢食；肉食性。

分类与分布　国内仅有指名亚种（*C. l. leschenaultii*）繁殖于新疆西北部及内蒙古中部地区；迁徙经中国中东部至南方越冬；昆嵛山附近水域可见。

保护现状　中国"三有物种"；IUCN（2019）无危（LC）。

铁嘴沙鸻-于晓平/摄

东方鸽（雄）-廖小凤/摄

77 东方鸽 Oriental Plover *Charadrius veredus*

鉴别特征 体型中等（24 cm）的褐色及白色鸻类，体重80～90 g；似沙鸻但腿更长，站姿更高挑；嘴先端不如沙鸻膨大；夏羽似红胸鸻但栗色胸带下方黑色带更宽；头颈部几乎白色；与金鸻、蒙古沙鸻、铁嘴沙鸻区别在于其腿部黄色或近粉色；虹膜淡褐，嘴棕榄色。

生态习性 旅鸟；栖息于草地、耕地、滩涂等；飞行能力极强；肉食性。

分类与分布 无亚种分化；国内繁殖于内蒙古和东北；迁徙途经中国中东部；昆嵛山附近湿地偶见。

保护现状 中国"三有物种"；IUCN（2019）无危（LC）。

东方鸽（雌）-廖小青/摄

鸻形目　鹬科
CHARADRIIFORMES　Scolopacidae

丘鹬-向定乾/摄

78 丘　鹬 Eurasian Woodcock *Scolopax rusticola*

鉴别特征　大型（35 cm）涉禽，体重230～340 g；体型肥胖、腿短、嘴长且直，与沙锥相比体型较大；自嘴基至眼有一条黑褐色条纹；头顶及颈背具较宽深褐色横斑；比沙锥具更多锈红色，飞行时腰尾部更为明显；虹膜褐色，嘴基部偏粉而端黑，脚粉灰。

生态习性　旅鸟；主要栖息于阴暗潮湿、林下植被茂密的阔叶林和混交林；受惊时蹲伏难以发现；夜间觅食，主要以昆虫等为食。

分类与分布　无亚种分化；繁殖于新疆和东北；迁徙季节见于各省；昆嵛山有分布（红外相机拍摄）。

保护现状　中国"三有物种"；IUCN（2019）无危（LC）。

姬鹬-郑秋旸/手绘

79 姬 鹬 Jack Snipe *Lymnocryptes minimus*

鉴别特征 体小（18 cm）嘴短而两翼狭尖的沙锥，体重60～80 g；喙略长于头部；与其他沙锥类似，但头顶中央无顶冠纹；胁部具纵纹而非横斑；尾色暗而无棕色横斑；飞行时脚不伸及尾后；虹膜褐色，嘴黄色，脚暗黄。

生态习性 旅鸟；栖息于多植被的湿地和稻田；受惊时蹲伏，迫不得已时才短距离飞至隐蔽处；觅食时频繁点头，肉食性。

分类与分布 无亚种分化；迁徙途经东北、华北、东南沿海；昆嵛山附近有文献记录，本次调查未见。

保护现状 中国"三有物种"；IUCN（2019）无危（LC）。

孤沙锥·韦铭/摄

孤沙锥·向定乾/摄

80 孤沙锥 Solitary Snipe *Gallinago solitaria*

鉴别特征 体型略大（30 cm）的深色沙锥，体重130～160 g；体色比其他沙锥暗淡且富于条纹；飞行时脚不伸出于尾后；虹膜褐色，嘴和脚橄榄色。

生态习性 旅鸟；栖息于滩涂湿地、林间沼泽；性孤僻，常单独活动；飞行缓慢；主要以蠕虫、昆虫、甲壳类、植物为食。

分类与分布 国内有2个亚种；其中东北亚种（*G. s. japonica*）繁殖于东北各省；越冬在长江流域及广东；迁徙途经东北、华北、东南沿海；昆嵛山附近有文献记录，本次调查未见。

保护现状 中国"三有物种"；IUCN（2019）无危（LC）。

针尾沙锥-张岩/摄

81 针尾沙锥 Pintail Snipe *Gallinago stenura*

鉴别特征　中等偏小（24 cm）而喙甚直长的沙锥，体重90～135 g；形态和体色极似扇尾沙锥，外侧几枚尾羽狭窄似针状；喙长为头长的1.5倍；飞行时翼后缘无白色；虹膜褐色，嘴褐端部色深，脚偏黄。

生态习性　旅鸟；栖息于稻田、林间沼泽，较扇尾沙锥更喜欢干旱环境；受惊时发出惊叫。

分类与分布　无亚种分化；迁徙途经中国全境至南方越冬；昆嵛山附近水域可见。

保护现状　中国"三有物种"；IUCN（2019）无危（LC）。

大沙锥·胡振宏/摄

82 大沙锥 Swinhoe's Snipe *Gallinago megala*

鉴别特征 中型（28 cm）沙锥，体重110~160 g；类似于扇尾沙锥和针尾沙锥，外侧几对尾羽羽色平淡且逐渐变窄；喙长为头长的1.5倍；飞行时翼后缘无白色，腿伸出尾后不明显；虹膜暗褐色，嘴褐色，脚橄榄灰。

生态习性 旅鸟；栖息于沼泽、湿润草地、稻田，比扇尾沙锥更喜好干旱生境；受惊时飞行路线低而直；少鸣叫；晨昏觅食，肉食性。

分类与分布 无亚种分化；迁徙途经中国各地至广东、海南、香港、台湾越冬；昆嵛山有文献记录，本次调查未见。

保护现状 中国"三有物种"；IUCN（2019）无危（LC）。

扇尾沙锥（水浴）-廖小青/摄

扇尾沙锥-于晓平/摄

83 扇尾沙锥 Common Snipe *Gallinago gallinago*

鉴别特征　中等体型（26 cm）而喙甚直长的沙锥，体重90～150 g；与针尾沙锥和大沙锥类似，外侧几对尾羽与中央尾羽宽度相当；喙长为头长的1.5～2倍；飞行时翼后缘明显白色，腿伸出于尾后；虹膜褐色，嘴褐色，脚橄榄色。

生态习性　旅鸟；栖息于沼泽和稻田，更喜潮湿环境，常隐身于芦苇丛；受惊时作锯齿形飞行并伴随惊叫声；肉食性。

分类与分布　国内仅有指名亚种（*G. g. gallinago*）繁殖于东北和新疆；迁徙途经各省至长江以南和东南亚越冬；昆嵛山附近湿地常见。

保护现状　中国"三有物种"；IUCN（2019）无危（LC）。

黑尾塍鹬（冬羽）-张岩/摄

84 黑尾塍鹬 Black-tailed Godwit *Limosa limosa*

鉴别特征 中等体型（42 cm左右）长嘴、长腿的鸻鹬，体重170～350 g；夏羽头、颈部红棕色；形似斑尾塍鹬但腿更长，喙长而直，飞行时腿及脚明显突出于尾后；尾上覆羽白色与黑色尾羽成对比；虹膜暗褐色，嘴尖端黑色，基部繁殖期橙色，非繁殖期粉红肉色，脚黑灰色或蓝灰色。

生态习性 旅鸟；栖息于平原草地和森林地带沼泽、湿地等；单独或成小群活动，冬季偶尔也集大群；觅食时常立于深及腹部的水中，将长喙完全没入水中，抬离水面时会向前上方翘起；主要以水生和陆生昆虫及其幼虫、甲壳类和软体动物等为食。

分类与分布 国内仅有普通亚种（*L. l. melanuroides*）部分繁殖于东北、内蒙古和新疆；迁徙途经中国大部至南亚、澳洲越冬；昆嵛山附近海滨常见。

保护现状 中国"三有物种"；IUCN（2019）近危（NT）。

斑尾塍鹬-廖小青/摄

85 斑尾塍鹬 Bar-tailed Godwit *Limosa lapponica*

鉴别特征 体大（40 cm）而腿长的鸻鹬，体重250～320 g；雄性夏羽头颈至整个下体锈红色；形似黑尾塍鹬，但腿显著短，因而站姿不如前者高挑；喙长而且明显上翘；飞行时脚略伸出于尾后；虹膜褐色，嘴粉红而端黑，脚暗绿或灰色。

生态习性 旅鸟；迁徙、越冬于沿海湿地，内陆少见；可形成数百上千只的群体；觅食时偶尔将整个头部没入水中，常与黑尾塍鹬混群；以水生昆虫、软体动物等为食。

分类与分布 国内有2个亚种；其中中亚亚种（*L. l. menzbieri*）迁徙途经东北、华北、东南沿海至南亚、澳洲等地越冬；昆嵛山附近海滨可见。

保护现状 中国"三有物种"；IUCN（2019）近危（NT）。

斑尾塍鹬-于晓平/摄

小杓鹬-胡振宏/摄

86 小杓鹬 Little Curlew *Numenius minutus*

鉴别特征　体型纤小（约30 cm）的杓鹬，体重约250 g；我国最小的杓鹬，喙短（41~46 mm）且端部明显下弯；飞行时腰及背褐色；虹膜褐色，嘴褐色基部色浅，脚蓝灰。

生态习性　旅鸟；迁徙、越冬于干燥草地、农耕地，偶尔出现在有水环境；主要以昆虫及其幼虫为食。

分类与分布　无亚种分化；迁徙途经中国大部至南太平洋越冬；胶东半岛偶见。

保护现状　国家Ⅱ级重点保护鸟类；IUCN（2019）无危（LC）。

中杓鹬（迁徙群）-于晓平/摄

87 中杓鹬 Whimbrel *Numenius phaeopus*

鉴别特征 体型偏小（43 cm）的杓鹬，体重320～470 g；喙较小杓鹬长（76～88 mm）且粗壮，明显下弯；浅色顶冠纹及深褐色侧冠纹似小杓鹬但整体色暗；飞行时腰部白色狭窄；虹膜褐色，嘴黑，脚蓝灰。

生态习性 旅鸟；迁徙越冬于沿海滩涂、草地、农耕地等；主要以昆虫、蟹、螺、贝等为食。

分类与分布 国内有2个亚种；其中东华亚种（*N. p. variegatus*）除新疆外见于各省；昆嵛山附近海滨可见。

保护现状 中国"三有物种"；IUCN（2019）无危（LC）。

中杓鹬-于晓平/摄

白腰杓鹬（越冬群）-于晓平/摄

88 白腰杓鹬 Eurasian Curlew *Numenius arquata*

鉴别特征　大型（55 cm）杓鹬，体重540～700 g；嘴较中杓鹬明显长（130～160 mm）且下弯；与大杓鹬区别在于其腰及尾较白，飞行时翼下白色；虹膜褐色，嘴褐色，脚青灰。

生态习性　旅鸟；迁徙时常见于海滨滩涂、草地；常与大杓鹬混群；集小群觅食，大群夜宿，性机警，不易靠近；飞行振翅缓慢有力；觅食时常以长而弯的嘴在泥里探索，主要以昆虫、甲壳类、软体动物等为食。

分类与分布　国内仅有普通亚种（*N. a. orientalis*）繁殖于东北和新疆；迁徙途经我国大部分地区；胶东半岛滨海湿地迁徙季节及冬季常见。

保护现状　国家Ⅱ级重点保护鸟类；IUCN（2019）近危（NT）。

白腰杓鹬（海滨觅食群）-于晓平/摄

大杓鹬（与白腰杓鹬混群）-于晓平/摄

89 大杓鹬 Eastern Curlew *Numenius madagascariensis*

鉴别特征 体型硕大（63 cm）的杓鹬，体重730～1 100 g；嘴甚长（140～190 mm）而下弯；比白腰杓鹬色深而褐色重，下背及尾褐色；飞行时翼下具暗色斑纹；腰、背与身体余部色彩相近；虹膜褐色，嘴黑而基部粉红，脚灰色。

生态习性 旅鸟；迁徙途经沿海滩涂、河口；常与白腰杓鹬混群；以长喙在泥里探寻食物，主食昆虫、甲壳类、软体动物等。

分类与分布 无亚种分化；国内繁殖于东北；迁徙途经中国东部至南亚、澳洲越冬；胶东半岛滨海湿地迁徙季节偶见。

保护现状 国家Ⅱ级重点保护鸟类；IUCN（2019）濒危（EN）。

大杓鹬-张岩/摄

鹤鹬-于晓平/摄

90 鹤 鹬 Spotted Redshank *Tringa erythropus*

鉴别特征 中等偏大体型（30 cm），体重110～150 g；体型高挑，嘴细长而尖端略下弯；夏羽整体黑色，上体具白色斑点；冬羽上体浅灰有别于红脚鹬的褐色；飞行时腰及背部白色，翼后缘无明显白色；虹膜褐色，嘴黑，下嘴基部深红（繁殖期）或橙红（非繁殖期），脚红色（繁殖期）或亮橙红（非繁殖期）。

生态习性 旅鸟；迁徙途经沿海、内陆湖泊和人工湿地；常集数百上千只的大群；走动觅食，可至深及腹部的水中；食物种类以甲壳类、软体动物、昆虫为主。

分类与分布 无亚种分化；迁徙途经我国大部至长江以南越冬；昆嵛山及附近湿地常见。

保护现状 中国"三有物种"；IUCN（2019）无危（LC）。

鸻形目 | 鹬科

红脚鹬（繁殖羽）-于晓平/摄

91 红脚鹬 Common Redshank *Tringa totanus*

鉴别特征 中等体型（28 cm）的鹬，体重100～150 g；似鹤鹬但颈、腿稍短，喙稍短粗且基部红色区域大；上体褐色；飞行时腰及背白色，翼后缘白色明显；虹膜褐色，嘴黑而基部红色，脚红色。

生态习性 旅鸟；喜泥岸、海滩、干涸沼泽和鱼塘，内陆湿地亦常见；常与其他鸻鹬类混群；取食水生无脊椎动物。

分类与分布 国内有4个亚种；其中东亚亚种（*T. t. terrignotae*）迁徙途经东北、华北、华东南至南亚越冬；昆嵛山附近水域可见。

保护现状 中国"三有物种"；IUCN（2019）无危（LC）。

红脚鹬（冬羽）-廖小青/摄

泽鹬·廖小青/摄

92 泽 鹬 Marsh Sandpiper *Tringa stagnatilis*

鉴别特征 中等体型（23 cm）的鹬，体重60~90 g；似青脚鹬但体型更小，上体灰褐色，下体白色；喙尖细不上翘；飞行时腰及背部具白色楔形，似青脚鹬而别于林鹬；脚更突出于尾后；虹膜暗褐色，嘴黑，嘴基绿灰色，脚暗灰绿色或黄绿色。

生态习性 旅鸟；栖息于内陆和沿海湿地；冬季可成大群，性羞怯；以水生无脊椎动物为食。

分类与分布 无亚种分化；迁徙途经除西藏、云南、贵州外大部分省份；昆嵛山附近湿地可见。

保护现状 中国"三有物种"；IUCN（2019）无危（LC）。

青脚鹬-廖小青/摄

青脚鹬-于晓平/摄

93 青脚鹬 Common Greenshank *Tringa nebularia*

鉴别特征 中等偏大（32 cm）高挑偏灰的鸻鹬，体重160～250 g；颈长、腿长似放大的泽鹬但长喙较厚且略上翘；头颈白色而密布灰色细纹，背部羽毛灰色而有白色缘；飞行时腰至上背具白色楔形条带；虹膜褐色，嘴灰而末端黑色，脚黄绿色。

生态习性 旅鸟；喜内陆和沿海各类湿地；单独或成小群活动；觅食时偶尔似鹭类奔跑追逐食物，有时如反嘴鹬在水中左右甩嘴，头部频繁上下点动，以水生昆虫、蟹、虾等为食。

分类与分布 无亚种分化；迁徙途经我国各省至华北以南越冬；昆嵛山及附近湿地常见。

保护现状 中国"三有物种"；IUCN（2019）无危（LC）。

白腰草鹬（水浴）-于晓平/摄

94 白腰草鹬　Green Sandpiper　*Tringa ochropus*

鉴别特征　中等体型（23 cm）而略显矮胖的鸻鹬，体重60～100 g；腿短于林鹬，站姿低矮，类似矶鹬但无肩部白色的月牙形斑块；飞行时腰部白色尾羽具粗横斑，腿几乎不伸出于尾后；虹膜褐色，嘴暗橄榄色，脚橄榄绿色。

生态习性　旅鸟；常单独活动，喜小水塘、沼泽、河流边缘而很少光顾开阔滩涂；受惊时惊叫并作似沙锥的锯齿状飞行；以水生无脊椎动物为食。

分类与分布　无亚种分化；繁殖于东北和新疆；迁徙时途经我国大部；昆嵛山及附近湿地常见。

保护现状　中国"三有物种"；IUCN（2019）无危（LC）。

林鹬-王晓平/摄

95 林 鹬 Wood Sandpiper *Tringa glareola*

鉴别特征 中等偏小（20 cm）体型纤细的鹬鹬，体重50～80 g；似缩小的红脚鹬，站姿高挑；背肩部黑褐色且具显著黄白色点斑；飞行时腰部白色不延伸至背部，脚明显突出于尾后；虹膜褐色，嘴黑色，脚淡黄至橄榄绿色。

生态习性 旅鸟；喜沿海和内陆各类湿地但很少光顾潮间带滩涂；成松散小群；觅食时步态缓慢，尾部偶尔上下晃动；以小型无脊椎动物为食。

分类与分布 无亚种分化；国内繁殖于东北和新疆；迁徙途经我国大部；昆嵛山及附近湿地常见。

保护现状 中国"三有物种"；IUCN（2019）无危（LC）。

林鹬-廖小青/摄

灰尾漂鹬-廖小青/摄

96 灰尾漂鹬 Green-tailed Tattler *Tringa brevipes*

鉴别特征 中等体型（25 cm）低矮型暗灰色鹬鹬，体重80～120 g；眉纹白色；上体纯灰色无斑点；腿短粗；夏羽胸至胁部具横斑；飞行时腰无白色，腿不突出于尾后；虹膜暗褐色，嘴黑色，下嘴基部黄色，脚黄色。

生态习性 旅鸟；喜多岩石沙滩、珊瑚礁海岸及沙质或卵石海滩；单独或成小群活动；遇险时蹲伏隐蔽，觅食行走时点头摆尾；以水生无脊椎动物和小型鱼类为食。

分类与分布 无亚种分化；迁徙时途经我国东部沿海；昆嵛山附近湿地偶见。

保护现状 中国"三有物种"；IUCN（2019）近危（NT）。

灰尾漂鹬-于晓平/摄

翘嘴鹬-廖小青/摄

97 翘嘴鹬 Terek Sandpiper *Xenus cinereus*

鉴别特征 中等体型（23 cm）低矮灰色鸻鹬，体重60～100 g；小型、腿短似矶鹬，但喙长且上翘；浅淡的羽色和黄色的腿使其显著区别于与其混群的其他鸻鹬；飞行时腿不突出于尾后，翼后缘次级飞羽明显白色；虹膜褐色，嘴黑而基部黄色，脚橘黄色。

生态习性 旅鸟；喜沿海泥滩、河口；常与其他鸻鹬混群；觅食时走动积极活跃；以小型无脊椎动物为食。

分类与分布 无亚种分化；迁徙途经我国大部至东南亚和澳洲越冬；昆嵛山附近海滩可见。

保护现状 中国"三有物种"；IUCN（2019）无危（LC）。

翘嘴鹬-吴宗凯/摄

矶鹬-廖小青/摄

98 矶　鹬　Common Sandpiper *Actitis hypoleucos*

鉴别特征　中等偏小（20 cm）的低矮鹬类，体重40～60 g；脸部具黑色过眼纹和白色眉纹；上胸深色纵纹与白色下胸成对比；下胸部白色上延至翼前形成白色月牙状；虹膜褐色，嘴深灰，脚橄榄绿色。

生态习性　夏候鸟或旅鸟；喜内陆及沿海各类湿地；单独活动；具两翼僵直滑行的特殊姿态，停歇时尾部频繁颤动；以小型无脊椎动物及鱼类、蝌蚪等为食；繁殖期5～7月，地面巢简陋，窝卵数4～5枚，双亲育雏，雏鸟早成。

分类与分布　无亚种分化；繁殖于东北、西北和华北；至华北以南地区越冬；昆嵛山及附近湿地常见。

保护现状　中国"三有物种"；IUCN（2019）无危（LC）。

翻石鹬（繁殖羽）- 王小平/摄

99 翻石鹬 Ruddy Turnstone *Arenaria interpres*

鉴别特征　中等体型（22 cm）的鸻鹬，体重80～130 g；夏羽上体栗黑色，脸白并具黑色条带至胸部，与白色腹部分界明显；冬羽色彩较暗，背上无栗色；虹膜褐色，圆锥状嘴黑色，脚橘黄。

生态习性　旅鸟；迁徙见于内陆及沿海；不与其他种类混群；行动迅速；常在海滩翻动石头或其他物体寻找食物，以无脊椎动物为食。

分类与分布　国内仅有指名亚种（*A. i. interpres*）见于除云南、贵州、四川外各省；越冬于福建、广州、台湾等地；昆嵛山附近滨海湿地偶见。

保护现状　国家Ⅱ级重点保护鸟类；IUCN（2019）无危（LC）。

翻石鹬（冬羽）- 李飏/摄

大滨鹬-王小平/摄

100 大滨鹬 Great Knot *Calidris tenuirostris*

鉴别特征 体型略大（27 cm）的长嘴近灰色滨鹬，体重140～200 g；矮胖、喙长、腿短；似红腹滨鹬但体型略大，喙端稍下弯；夏羽胸部黑色点斑形成胸带，肩羽红黑相间；飞行时尾上覆羽白色比红腹滨鹬明显；虹膜褐色，嘴黑色，脚灰绿色。

生态习性 旅鸟；喜沿海潮间带滩涂；常结大群活动；步速缓慢，快速啄食；常与红腹滨鹬、灰鸻等混群；以水生昆虫、甲壳类、软体动物等为食。

分类与分布 无亚种分化；迁徙途经我国东部沿海至亚洲南部和澳洲越冬；昆嵛山附近海滨有文献记录，本次调查未见。

保护现状 国家Ⅱ级重点保护鸟类；IUCN（2019）濒危（EN）。

红腹滨鹬-张岩/摄

101 红腹滨鹬 Red Knot *Calidris canutus*

鉴别特征　中等体型（24 cm）腿短的偏灰色滨鹬，体重80～150 g；似大滨鹬但略小；夏羽头侧和下体棕红色；冬羽类似大滨鹬；虹膜深褐，嘴黑色，脚黄绿。

生态习性　旅鸟；喜成群栖息于沿海滩涂湿地；觅食行为似大滨鹬并与之混群，行走缓慢，啄食迅速，以昆虫、甲壳类、软体动物为食。

分类与分布　国内有2个亚种；其中普通亚种（*C. c. rogersi*）和皮尔斯麦亚种（*C. c. piersmai*）迁徙均途经东北、华北和东南沿海；昆嵛山附近海滨常见，上述2个亚种均有分布。

保护现状　中国"三有物种"；IUCN（2019）近危（NT）。

三趾滨鹬-吴宗凯/摄

102 三趾滨鹬 Sanderling *Calidris alba*

鉴别特征 中等体型（20 cm）的近灰色鹬，体重50~80 g；体型似黑腹滨鹬，喙较长而粗壮；后趾缺失（野外不易看清）；夏羽脸至胸红色非常暗且斑驳；冬羽上体灰色淡，显得比其他滨鹬更白，肩羽明显黑色；飞行时翼上具白色宽纹，腿不伸出于尾后；虹膜深褐，嘴、脚黑色。

生态习性 旅鸟；迁徙途经沿海滩涂；常随涨（落）潮水线快速奔跑觅食；常与红颈滨鹬混群；以小型水生无脊椎动物为食。

分类与分布 国内仅有亚种 *C. a. rubida* 迁徙途经除我国西南外大部分地区；东南沿海越冬；昆嵛山附近海滩迁徙季节偶见。

保护现状 中国"三有物种"；IUCN（2019）无危（LC）。

红颈滨鹬-廖小青/摄

103 红颈滨鹬 Red-necked Stint *Calidris ruficollis*

鉴别特征　小型（15 cm）灰褐色滨鹬，体重25～40 g；喙短而直；夏羽脸、喉部和上胸为艳丽的橙红色；冬羽灰褐色；虹膜褐色，嘴、脚黑色。

生态习性　旅鸟；迁徙多见于沿海滩涂湿地；喜集群，性活跃，步伐迅速敏捷；以小型无脊椎动物为食。

分类与分布　无亚种分化；迁徙途经我国大部至东南亚和澳洲越冬；昆嵛山附近海滩常见。

保护现状　中国"三有物种"；IUCN（2019）近危（NT）。

红颈滨鹬-于晓平/摄

勺嘴鹬-吴宗凯/摄

104 勺嘴鹬　Spoon-billed Sandpiper　*Calidris pygmeus*

鉴别特征　小型（15 cm）灰褐色滨鹬，体重30～35 g；腿短，上体具纵纹，下体几纯白；夏羽上体及上胸棕红色；冬羽极似红胸滨鹬，但体羽灰色较浓；勺状嘴正面观较为明显，虹膜褐色，嘴、脚黑色。

生态习性　旅鸟；迁徙、越冬于沿海滩涂湿地；常在退潮浅水海滩活动，行动敏捷；觅食时勺状嘴左右摆动，以小型无脊椎动物为食。

分类与分布　无亚种分化；迁徙途经中国东部沿海至华东南和华南地区海滨越冬；观鸟爱好者纪录烟台有迁徙个体短暂停留。

保护现状　国家Ⅰ级重点保护鸟类；IUCN（2019）极危（CR）。

勺嘴鹬-吴宗凯/摄

青脚滨鹬-廖小青/摄

105 青脚滨鹬 Temminck's Stint *Calidris temminckii*

鉴别特征 小型（14 cm）灰色滨鹬，体重20~35 g；夏羽上体灰色较深，杂以黑色和棕黄色；冬羽上体暗灰；站立时尾突出于翅端；完整的灰色胸带与白色腹部成对比；与其他滨鹬区别在于其外侧尾羽纯白，落地时极易见；虹膜褐色，嘴黑色，脚偏绿或近黄。

生态习性 旅鸟；迁徙越冬于内陆淡水湿地，也光顾海滨滩涂；单独或小群活动；觅食动作较缓慢，有别于红颈滨鹬和小滨鹬；以水生无脊椎动物为食。

分类与分布 无亚种分化；迁徙见于我国各省至亚洲南部越冬；昆嵛山附近湿地有文献记录，本次调查未见。

保护现状 中国"三有物种"；IUCN（2019）无危（LC）。

长趾滨鹬-王小平/摄

106 长趾滨鹬 Long-toed Stint *Calidris subminuta*

鉴别特征 小型（14 cm）灰褐色滨鹬，体重25～35 g；夏羽顶冠橙红色显著，上胸橙色具细纹；白色眉纹较宽；背部具黑色粗纵纹；胸浅褐灰，腹白；飞行时腿略伸出于尾后；抬脚时可见趾明显长于其他滨鹬；虹膜暗褐，嘴黑，脚黄绿。

生态习性 旅鸟；迁徙、越冬于内陆湿地，也光顾潮间带滩涂；单独或结小群活动，觅食步速缓慢，身体因腿长而下俯明显；以小型无脊椎动物为食。

分类与分布 无亚种分化；迁徙途经我国全境至南方沿海省份及以南地区越冬；昆嵛山文献记录有分布，本次调查未见。

保护现状 中国"三有物种"；IUCN（2019）无危（LC）。

尖尾滨鹬-李飏/摄

107 尖尾滨鹬 Sharp-tailed Sandpiper *Calidris acuminata*

鉴别特征 中等偏小（19 cm）而嘴短的滨鹬，体重60~110 g；颈短，喙短而直；冬羽顶冠栗色，上体灰褐，上胸具稀疏纵纹；夏羽上体羽缘栗红，顶冠橙红；尾羽羽端尖锐；虹膜褐色，嘴黑色，脚偏黄至绿色。

生态习性 旅鸟；迁徙途经内陆和沿海各类湿地；食物丰富时可成大群；以昆虫幼虫、甲壳类和软体动物为食。

分类与分布 无亚种分化；迁徙主要途经中国东部沿海；昆嵛山附近海滨可见。

保护现状 中国"三有物种"；IUCN（2019）无危（LC）。

尖尾滨鹬-韦铭/摄

阔嘴鹬 薛琳/摄

108 阔嘴鹬 Broad-billed Sandpiper *Calidris falcinellus*

鉴别特征 体型略小（17 cm）而嘴下弯的鹬鹬，体重40～50 g；喙长且在近端部突然下弯；腿短而站姿低矮；头顶具深浅相间的"西瓜皮"斑纹；冬羽上体浅灰并具灰褐色纵纹，胸具细纹，下体近白；虹膜褐色，嘴黑，脚绿褐色。

生态习性 旅鸟；喜潮湿沿海泥滩、沙滩和沼泽；常集小群，性孤僻；翻找食物时嘴垂直向下，遇险时蹲伏；以小型水生无脊椎动物为食。

分类与分布 国内有2个亚种；其中西伯利亚亚种（*C. f. sibirica*）迁徙途经我国东部沿海；昆嵛山附近海滩常见。

保护现状 国家Ⅱ级重点保护鸟类；IUCN（2019）无危（LC）。

流苏鹬-吴宗凯/摄

109 流苏鹬 Ruff *Calidris pugnax*

鉴别特征 体型较大（♂28 cm，♀23 cm）的鹬鹬；腿长、颈长、喙短而下弯；雄性成鸟夏羽面部有裸区，呈黄色、橘红色或红色，并有细疣斑和褶皱；雌性成鸟夏羽如同普通鹬类，面部无裸区，头和颈无饰羽；虹膜褐色，嘴褐色、嘴基近黄，脚黄绿或橙褐色。

生态习性 旅鸟；迁徙途经内陆或沿海湿地；觅食时步态稳健，背部羽毛常耸起；以水生昆虫、甲壳类等为食。

分类与分布 无亚种分化；迁徙途经我国大部至南亚越冬；昆嵛山附近海滩可见。

保护现状 中国"三有物种"；IUCN（2019）无危（LC）。

流苏鹬（与黑翅长脚鹬和灰头麦鸡混群）-吴宗凯/摄

弯嘴滨鹬（夏羽）-王小平/摄

110 弯嘴滨鹬 Curlew Sandpiper *Calidris ferruginea*

鉴别特征 中等体型（21 cm）的滨鹬，体重60～100 g；嘴长而均匀下弯；夏羽头颈至腹部锈红色，尾下白色；冬羽上体大部灰色几无纵纹；下体白，眉纹、翼上横纹及尾上覆羽横斑均白；飞行时尾上覆羽白色，腿突出于尾后；虹膜褐色，嘴、脚黑色。

生态习性 旅鸟；迁徙、越冬于沿海滩涂和内陆湿地；常与其他鸻鹬类混群；退潮时于泥沙中寻找食物，以水生无脊椎动物为食。

分类与分布 无亚种分化；迁徙途经我国大部；昆嵛山附近海滩可见。

保护现状 中国"三有物种"；IUCN（2019）近危（NT）。

弯嘴滨鹬（冬羽）-廖小青/摄

黑腹滨鹬（冬羽）-于晓平/摄

111 黑腹滨鹬 Dunlin *Calidris alpina*

鉴别特征　体型略小（19 cm）的滨鹬，体重50～80 g；喙长而端部下弯；夏羽上体棕色，下胸至两腿间具大型黑色斑块；冬羽腹部近白；虹膜褐色，嘴黑色，腿灰绿。

生态习性　旅鸟；迁徙途经沿海滩涂、内陆湖泊等各类湿地；性活跃，善奔跑；以小型水生无脊椎动物为食。

分类与分布　无亚种分化；迁徙途经我国大部；昆嵛山附近海滩常见。

保护现状　中国"三有物种"；IUCN（2019）无危（LC）。

黑腹滨鹬（繁殖羽）-廖小青/摄

鸻形目　三趾鹑科
CHARADRIIFORMES　Turnicidae

黄脚三趾鹑（雄）-张岩/摄

112 黄脚三趾鹑 Yellow-legged Buttonquail *Turnix tanki*

鉴别特征　小型（16 cm）棕褐色三趾鹑，体重25～65 g（♂），40～100 g（♀）；腿短、矮胖似鹌鹑；仅具前三趾；胸暖橙黄色，胸侧具黑色点斑，翼上覆羽色浅并具黑色点斑；雌性色彩更为艳丽，胸部橙黄色上延至后颈；腿黄色别于其他三趾鹑；虹膜黄色，嘴黄而端黑，脚黄色。

生态习性　夏候鸟；以小群活动于灌木丛、草地、沼泽及耕地；性胆怯，善隐蔽；植食性；繁殖期5～8月，一雌多雄制，雌性鸣唱吸引雄性，地面巢简陋，窝卵数3～4枚，雄性孵卵育雏。

分类与分布　中国仅有南方亚种（*T. t. blanfordii*）繁殖于东北、华北、华东、华中、华南和西南等大部分地区；北方种群冬季南迁；昆嵛山文献记载有分布，本次调查未见。

保护现状　中国"三有物种"；IUCN（2019）无危（LC）。

鸻形目　　　燕鸻科
CHARADRIIFORMES　　Glareolidae

普通燕鸻-廖小凤/摄

113 普通燕鸻　Oriental Pratincole　*Glareola maldivarum*

鉴别特征　中等体型（25 cm）的燕鸻，体重55~100 g；上体棕褐闪橄榄色光泽；两翼近黑；尾上覆羽白色，尾下白，叉形尾黑色但基部及外缘白色；腹部灰，飞行似燕；虹膜深褐，嘴黑色，基部猩红，脚深褐。

生态习性　旅鸟（少量繁殖）；栖息于开阔平原地区湖泊、河流、水塘和沼泽地带；繁殖期间常单独或成对活动，非繁殖期常成群；主要以蚱蜢、蝗虫、螳螂等为食；繁殖期5~7月，地面巢，窝卵数2~4枚，早成鸟。

分类与分布　无亚种分化；繁殖于东北、华北、华东、新疆及海南岛等地；有记录迁徙时常见于中国东部多数地区；文献记录昆嵛山地区有分布，本次调查未见。

保护现状　中国"三有物种"；IUCN（2019）无危（LC）。

鸻形目	鸥科
CHARADRIIFORMES	Laridae

棕头鸥（左 繁殖羽 右 冬羽）- 于晓平/摄

114 棕头鸥
Brown-headed Gull *Chroicocephalus brunnicephalus*

鉴别特征 中型（42 cm）白色鸥，体重450～700 g；背灰，颈、腹白，初级飞羽基部具白斑，黑色翼尖具白色点斑；夏羽头褐色，冬羽眼后具深褐块斑；与红嘴鸥区别在于其虹膜色浅，嘴略厚重，体型较大且翼尖斑纹不同；虹膜淡黄或灰色，眼周裸皮红色，嘴深红，脚朱红。

生态习性 旅鸟；栖息于湖泊、河流及沼泽地；常与其他鸥类混群；主要以鱼、虾、软体动物、甲壳类和水生昆虫为食。

分类与分布 无亚种分化；繁殖地主要在青藏高原；越冬于云南、香港；内蒙古繁殖种群迁徙途经华北；昆嵛山及附近海滩春秋季可见。

保护现状 中国"三有物种"；IUCN（2019）无危（LC）。

115 红嘴鸥
Black-headed Gull *Chroicocephalus rudibundus*

鉴别特征　中型（40 cm）灰白色鸥，体重230～350 g；冬羽眼后具黑色点斑；夏羽褐色头罩延伸至后颈；与棕头鸥区别在于其体型小，翼前缘白色明显，黑色翼尖无白色点斑；虹膜褐色；嘴红色（亚成体嘴尖黑色）；脚红色（亚成体色较淡）。

生态习性　冬候鸟；栖息于平原和低山丘陵地带湖泊、河流等及沿海沼泽地带；喜盘旋、鸣叫，善游泳，不惧人；主要以鱼、虾、昆虫、水生植物和人类饲喂的食物残渣为食。

分类与分布　无亚种分化；繁殖于新疆和东北；大量越冬于中国东部和南部；昆嵛山附近滨海湿地有大量个体越冬。

保护现状　中国"三有物种"；IUCN（2019）无危（LC）。

红嘴鸥（越冬群）-于晓平/摄

红嘴鸥（冬羽）-时良/摄

红嘴鸥（繁殖羽）-廖小青/摄

鸻形目 | 鸥科

黑嘴鸥-于晓平/摄

116 黑嘴鸥 Saunders's Gull *Saudersilarus saundersi*

鉴别特征　小型（33 cm）鸥类，体重190~230 g；夏羽、冬羽类似红嘴鸥但体型较小，嘴黑而短粗；夏羽头部黑色延至颈后，色彩比红嘴鸥深；白色眼圈显著；初级飞羽合拢时呈斑马样图案，飞行时白色后缘清晰可见；虹膜褐色，嘴黑色，脚深红。

生态习性　夏候鸟；飞行姿势轻盈如燕鸥；取食采用飞翔俯冲方式捕食螃蟹、蠕虫等；繁殖期5~7月，地面巢，窝卵数3枚（1~6枚）。

分类与分布　无亚种分化；中国东部沿海（辽宁、河北、山东）特有繁殖鸟；越冬于长江下游以南沿海省份；昆嵛山附近海域可见。

保护现状　国家Ⅰ级重点保护鸟类；IUCN（2019）易危（VU）。

遗鸥（成体）-于晓平/摄

117 遗 鸥 Relict Gull *Ichthyaetus relictus*

鉴别特征 中等体型（45 cm）鸥类，体重420～500 g；夏羽头、前、后颈部深棕褐色至黑色，与白色颈部界限分明；白色眼睑宽而显著；背淡灰色；腰、尾上覆羽和尾羽纯白色；冬羽头部白色，耳羽暗色斑明显；与棕头鸥和红嘴鸥区别是体型稍大，头顶及颈背具暗色纵纹；虹膜褐色，嘴、脚红色。

生态习性 冬候鸟（或迷鸟）；喜咸水、半咸水湖泊；以水生昆虫（豆娘）幼虫等无脊椎动物为食；越冬分布地及越冬行为不详。

分类与分布 无亚种分化；繁殖于陕西北部榆林和内蒙古西部；迁徙路线不详，文献记录可能向东至东部沿海越冬；本次调查在烟台沁水河记录到1只亚成体。

保护现状 国家Ⅰ级重点保护物种；IUCN（2019）易危（VU）。

遗鸥（亚成体）-冯磊/摄

鸻形目 | 鸥科

渔鸥（繁殖羽）-于晓平/摄

118 渔 鸥 Pallas's Gull *Ichthyaetus ichthyaetus*

鉴别特征　体型较大（68 cm）的背灰色鸥，体重约2 000 g；头黑，眼睑白色，看似巨型的红嘴鸥，但嘴厚重且色彩有异；冬羽头白，眼周具暗斑，头顶有深色纵纹；尾端黑色；虹膜褐色，嘴黄且近端处具黑色、红色环带，脚黄绿色。

生态习性　旅鸟；栖息于三角洲沙滩、内陆河流甚至高原湖泊；单独或成小群活动；喜欢在觅食的水域上空盘旋，以鱼类为主要食物。

分类与分布　无亚种分化；国内繁殖于青藏高原和内蒙古西部；迁徙路线不详，从越冬地分布推测可能向东、向南迁徙；昆嵛山附近海滨偶见。

保护现状　中国"三有物种"；IUCN（2019）无危（LC）。

渔鸥（亚成体）-于晓平/摄

黑尾鸥-廖小青/摄

119 黑尾鸥 Black-tailed Gull *Larus crassirostris*

鉴别特征 中等体型（47 cm）的鸥类，体重430～670 g；两翼长而窄；上体深灰，腰白，尾上基部白色具宽大黑色次端带；冬羽头顶、颈背具深色斑；收拢的黑色翼尖具四个小斑点；第一冬羽多褐色，脸部色浅，嘴粉红而端黑；第二冬羽似成体但翼尖褐色；虹膜黄色，嘴黄而尖红且具黑色次端环带，脚黄绿色。

生态习性 夏候鸟（部分个体越冬）；迁徙和越冬季集大群沿海岸线活动觅食，涨潮时尤为活跃，善游泳；取食上层鱼类和沙滩软体动物；繁殖期4～7月，成小群营巢于悬崖峭壁，窝卵数2枚，双亲共同育雏，雏鸟晚成。

分类与分布 无亚种分化；繁殖于辽东、胶东半岛；越冬于华东、华南沿海；昆嵛山附近海滩常见，冬季可见数十只至数百只的越冬个体。

保护现状 中国"三有物种"；IUCN（2019）无危（LC）。

黑尾鸥（亚成体）-张岩/摄

黑尾鸥（当年幼鸟）-张岩/摄

普通海鸥（成体）-张岩/摄

120 普通海鸥 Mew Gull *Larus canus*

鉴别特征 中等体型（45 cm）鸥类，体重400～580 g；头、颈和下体白色；背、肩和翅灰色；初级飞羽羽尖白色，具大块白色翼镜；冬羽头、颈均具稀疏褐色纵纹；第一冬尾羽具黑色次端带，头、颈、胸及两胁具浓密褐色纵纹；虹膜黄色，嘴、脚黄绿色。

生态习性 旅鸟；主要栖息于海岸、河口、港湾等沿海地带；以小型鱼类、水生无脊椎动物为食。

分类与分布 国内有2个亚种；其中堪察加亚种（*L. c. kamtschatschensis*）迁徙途经东北、华北和东南沿海；昆嵛山及附近海域常见。

保护现状 中国"三有物种"；IUCN（2019）无危（LC）。

普通海鸥（亚成体）-张岩/摄

小黑背银鸥-冯磊/摄

121 小黑背银鸥 Lesser Black-backed Gull *Larus fuscus*

鉴别特征 中等体型（51～70 cm）鸥类，体重800～1 700 g；头、颈和下体白色；背、肩和翅深灰或灰黑色；初级飞羽羽尖黑色具白斑；俄罗斯亚种冬羽头具棕褐色羽干纹；虹膜浅黄至褐色，嘴黄色上具红点，脚偏黄。

生态习性 旅鸟；主要栖息于滨海滩涂、河口、港湾等沿海地带；以小型鱼类、水生无脊椎动物为食。

分类与分布 国内有2个亚种；其中俄罗斯亚种（*L. f. heuglini*）迁徙途经中国东部、南部沿海和新疆；烟台滨海迁徙季节偶见。

保护现状 中国"三有物种"；IUCN（2019）无危（LC）。

122 西伯利亚银鸥 Siberian Gull *Larus smithsonianus*

鉴别特征 体型较大（62 cm），体重1 200～1 700 g；体型厚重，头部平坦；夏羽头、颈和下体纯白；背与翼上银灰；初级飞羽末端黑色，其上有白斑；冬羽头、颈具褐色细纵纹；虹膜浅黄至偏褐，嘴黄色具红点，脚粉红。

生态习性 旅鸟；栖息于沿海和内陆湿地；以鱼类和水生无脊椎动物为食，也捡食人类垃圾。

分类与分布 国内有2个亚种；西伯利亚东部亚种（*L. s. vegae*）迁徙途经中国大部；蒙古亚种（*L. s. mongolicus*）迁徙途经山东及东南沿海；昆嵛山及附近海滩均可见到。

保护现状 中国"三有物种"；IUCN（2019）无危（LC）。

西伯利亚银鸥（当年幼鸟）-于晓平/摄

西伯利亚银鸥（蒙古亚种）-冯磊/摄

西伯利亚银鸥（西伯利亚东部亚种）-冯磊/摄

西伯利亚银鸥（蒙古亚种）（左当年幼鸟）-廖小青/摄

鸻形目 | 鸥科　137

灰背鸥-顾晓军/摄

123 灰背鸥 Slaty-backed Gull *Larus schistissagus*

鉴别特征　大型（61 cm）鸥类，体重1 025～1 230 g；似西伯利亚银鸥但上体灰色更深；白色月牙形肩带较宽；冬羽成体头后及颈部具褐色纵纹；虹膜黄色，嘴黄而上具红点，脚深粉色。

生态习性　冬候鸟；栖息于海滨沙滩、岩石海岸和内陆河流、湖泊；冬季可集大群；以小型鱼类和无脊椎动物为食。

分类与分布　无亚种分化；迁徙途经东北、华北和东南沿海；昆嵛山境内水库及附近海滩冬季常见。

保护现状　中国"三有物种"；IUCN（2019）无危（LC）。

鸥嘴噪鸥-王中强/摄

124 鸥嘴噪鸥 Gull-billed Tern *Gelochelidon nilotica*

鉴别特征　中等体型（39 cm）的浅色燕鸥，体重180～320 g；尾深叉状；夏羽额至枕部黑色，上体淡灰；冬羽下体白色，眼后具黑斑；虹膜褐色，嘴、脚黑色。

生态习性　夏候鸟；常光顾沿海河口、内陆湖泊；常频繁在水面低空鸣叫飞行，姿态轻盈；常以俯冲方式捕食水中食物，以水生无脊椎动物为食；繁殖期5～7月，常与普通燕鸥混群，地面密集巢，窝卵数3枚，雌雄共同孵卵，雏鸟晚成。

分类与分布　国内有2个亚种；其中华东亚种（*G. n. affinis*）繁殖于渤海湾以及东南沿海；昆嵛山附近海滩常见。

保护现状　中国"三有物种"；IUCN（2019）无危（LC）。

鸥嘴噪鸥-廖小青/摄

红嘴巨燕鸥-廖小青/摄

红嘴巨燕鸥-臧晓博/摄

125 红嘴巨燕鸥 Caspian Tern *Hydroprogne caspia*

鉴别特征 大型（49 cm）燕鸥，体重520～650 g；具大型红嘴；夏羽顶冠黑色，冬羽白色且具纵纹；亚成体上体具褐色横斑；虹膜褐色，嘴红尖端近黑，脚黑色。

生态习性 夏候鸟；栖息于海边沙滩、湖泊、红树林及河口地带；单独或成小群活动，善飞翔；繁殖期5～7月，地面群巢简陋，窝卵数2～3枚，雌雄轮流孵化，雏鸟晚成。

分类与分布 无亚种分化；繁殖于中国东北、华北沿海地区；迁徙途经我国大部分地区至南方越冬；烟台海滨偶见。

保护现状 中国"三有物种"；IUCN（2019）无危（LC）。

白额燕鸥-廖小青/摄

白额燕鸥-廖小青/摄

126 白额燕鸥 Little Tern *Sternula albifrons*

鉴别特征　小型（24 cm）浅色燕鸥，体重40～70 g；夏羽头顶、枕和后颈黑色，额白；冬羽头顶、颈背黑色缩小成月牙形；幼鸟似非繁殖期成体但头顶及上背具褐色杂斑；虹膜褐色，嘴橙黄而先端黑，脚黄色。

生态习性　夏候鸟；栖息于海边沙滩；与其他燕鸥混群；飞行时嘴垂直向下，头频繁左右摆动，振翅快速，来回飞行；发现猎物后悬停空中，快速入水捕获猎物后从水中升起，空中进食；繁殖期5～7月，地面群巢简陋，窝卵数2～3枚，雌雄轮流孵化。

分类与分布　国内有2个亚种；其中东亚亚种（*S. a. sinensis*）广泛繁殖于中国广大地区；昆嵛山及附近水域常见。

保护现状　中国"三有物种"；IUCN（2019）无危（LC）。

黑枕燕鸥·李思琪/摄

127 黑枕燕鸥 Black-naped Tern *Sterna sumatrana*

鉴别特征 小型（31 cm）白色燕鸥，体重70～90 g；具有叉形长燕尾和醒目枕部黑色带；头白仅眼先具黑色点斑；上体浅灰，下体白色；第一冬羽头部具褐色杂斑，颈背具近黑色点斑；虹膜褐色，嘴黑而端黄（成体）、污黄（幼鸟），脚黑色。

生态习性 旅鸟；喜群居且常与其他燕鸥混群；偏好沙滩或珊瑚海滩；以鱼类为食，兼食小型无脊椎动物。

分类与分布 国内仅有指名亚种（*S. s. sumatrana*）繁殖于中国东南及华南海岛；华北地区、胶东半岛为旅鸟；文献记录于烟台夹河河口和鱼鸟河河口，本次调查未见。

保护现状 中国"三有物种"；IUCN（2019）无危（LC）。

普通燕鸥-于晓平/摄

128 普通燕鸥 Common Tern *Sterna hirundo*

鉴别特征　体型较大（35 cm）的燕鸥，体重90～120 g；夏羽头顶黑色，胸灰；冬羽头顶具黑白色杂斑；尾深叉型；虹膜褐色，嘴黑（夏季基部红），脚偏红（冬季色暗）。

生态习性　夏候鸟；喜停歇于水边突出物（如木桩）上；飞行、捕食方式同白额燕鸥；繁殖期5～7月，地面群巢简陋，窝卵数2～5枚，异步孵化，雌雄轮流孵卵，雏鸟早成。

分类与分布　国内有3个亚种；其中东北亚种（*S. h. longipennis*）繁殖于东北、华北至东南沿海越冬；昆嵛山及附近水域可见。

保护现状　中国"三有物种"；IUCN（2019）无危（LC）。

灰翅浮鸥（繁殖羽）-冯磊/摄 　　　　　　　　　　灰翅浮鸥（亚成体）-于晓平/摄

129 灰翅浮鸥 Whiskered Tern *Chlidonias hybrida*

鉴别特征　体型略小（25 cm）的浅色燕鸥，体重80～100 g；尾浅开叉；夏羽额黑、腹部深色；冬羽额白，头顶具细纹，顶后及颈背黑色，下体白，翼、颈背、背及尾上覆羽灰色；幼鸟似成鸟但具褐色杂斑；虹膜深褐，嘴红色（繁殖期）或黑色，脚红色。

生态习性　夏候鸟；成群栖息于开阔平原湖泊、水库、河口、海岸和附近沼泽地带；频繁在水上振翅飞翔；主要以小鱼、虾等水生生物为食；繁殖期5～7月，水面浮巢，窝卵数2～5枚，雌雄轮流孵化。

分类与分布　国内仅有指名亚种（*C. h. hybrida*）分布于除西藏、贵州外其他省份；昆嵛山附近水域可见。

保护现状　中国"三有物种"；IUCN（2019）无危（LC）。

灰翅浮鸥（当年幼鸟）-于晓平/摄

白翅浮鸥-于晓平/摄

130 白翅浮鸥 White-winged Tern *Chlidonias leucopterus*

鉴别特征 小型（23 cm）水鸟，体重60~80 g；嘴细小，形直，先端多弯曲呈钩状，鼻孔裸出；翅尖而长，尾呈浅叉状，头上部和后颈黑色，背至尾上及两翅覆羽灰色；虹膜深褐，嘴红（繁殖期）或黑（非繁殖期），脚橙色。

生态习性 夏候鸟；栖息于湖泊和较大水域周围草丛及海岸地带；以鱼虾为食，繁殖期大量捕食昆虫；繁殖期6~8月，窝卵数2~3枚。

分类与分布 无亚种分化；国内除青海、贵州外见于各省；昆嵛山附近水域可见。

保护现状 中国"三有物种"；IUCN（2019）无危（LC）。

白翅浮鸥（亚成体和非繁殖羽）-李飏/摄

潜鸟目 GAVIIFORMES　　潜鸟科 Gaviidae

红喉潜鸟（非繁殖羽）-张英军/摄

131 红喉潜鸟　Red-throated Diver　*Gavia stellata*

鉴别特征　大中型（61 cm）潜鸟，体重1 400～2 500 g（♂），1 250～2 300 g（♀）；夏羽脸、喉、颈侧灰色，前颈具三角形栗色斑；冬羽颈、脸部白色；虹膜红色，嘴绿黑色，脚黑色。

生态习性　冬候鸟或旅鸟；繁殖于淡水区域；越冬在沿海水域；善潜水，游泳时嘴略上翘。

分类与分布　无亚种分化；迁徙、越冬于东北、华东、华东南和华南部沿海；胶东半岛烟台、荣成、威海偶见。

保护现状　中国"三有物种"；IUCN（2019）无危（LC）。

黑喉潜鸟-廖小青/摄

黑喉潜鸟（非繁殖羽）-廖小青/摄

132 黑喉潜鸟 Black-throated Diver *Gavia arctica**

鉴别特征 大型（68 cm）潜鸟，体重2 500～3 800 g（♂），1 800～3 100 g（♀）；较红喉潜鸟大；嘴直，颈粗长且弯曲成"S"形；繁殖羽头顶至后颈灰色，喉及前颈黑色沾绿色光泽，颈侧具白色纵纹，下喉具醒目白色点斑组成的横带，背黑而具矩形白色带；冬羽上体黑褐，下体白；虹膜栗红色，嘴灰黑，脚黑色。

生态习性 冬候鸟；栖息于沿海海面、海湾及河口；善潜水，游泳时颈部呈"S"形，飞翔能力强但水面起飞稍显笨拙；以鱼类和各种水生无脊椎动物为食。

分类与分布 国内有2个亚种；其中北方亚种（*G. a. viridigularis*）迁徙途经中国东北至东南部越冬；烟台近海水域偶见越冬个体。

保护现状 中国"三有物种"；IUCN（2019）无危（LC）。

*注：其太平洋亚种（*G. a. pacifica*）提升为太平洋潜鸟（*G. pacifica*）。

鹳形目 CICONIIFORMES 鹳科 Ciconiidae

黑鹳-廖小青/摄

133 黑 鹳 Black Stork *Ciconia nigra*

鉴别特征 大型（100 cm）黑色鹳，体重2 570～2 600 g（♂），2 150～2 747 g（♀）；嘴粗直且尖；通体黑色闪烁绿紫色金属光泽；下胸、腹部和尾下白色；飞行时翼下黑色，腿显著突出于尾端；亚成体颈部褐色，嘴、腿灰褐；虹膜褐色，嘴及腿朱红。

生态习性 夏候鸟；栖息于河流沿岸、沼泽山区溪流附近；越冬季节成群活动于开阔沼泽、鱼塘和近水农田；主要以鱼类（如鲫鱼和条鳅）等为食；繁殖期4～7月，营巢于悬崖中上部壁龛，窝卵数3～5枚，异步孵化，雌雄轮流孵卵育雏，雏鸟晚成。

分类与分布 无亚种分化；繁殖于中国北方（新疆、内蒙古、甘肃、宁夏、陕西、山西、东北各省及河南、山东）；越冬于黄河流域以南广大地区；昆嵛山文献记载有分布，本次调查未见。

保护现状 国家Ⅰ级重点保护物种；IUCN（2019）无危（LC）。

东方白鹳-王晓平/摄

东方白鹳-廖小青/摄

东方白鹳-张英军/摄

134 东方白鹳 Oriental Stork *Ciconia boyciana*

鉴别特征　大型（105 cm）白色涉禽，体重3 900～4 350 g（♂），4 250～4 500 g（♀）；嘴粗壮，长直而尖；两翼黑色，眼周裸出皮肤粉红；飞行时腿突出于尾后，两翼黑色与白色体羽形成鲜明对比；虹膜稍白，嘴黑色，脚红色。

生态习性　旅鸟；栖息地一般远离居民点，觅食于开阔河道、湖泊以及水稻田；繁殖季节常成对活动，迁徙、越冬季节可成大群；主要以鱼为食。

分类与分布　无亚种分化；繁殖于东北至胶东半岛黄河三角洲；越冬于长江下游湖泊及以南地区；胶东半岛东部荣成迁徙季节可见，昆嵛山附近滨海滩涂偶见。

保护现状　国家Ⅰ级重点保护物种；IUCN（2019）濒危（EN）。

鲣鸟目 SULIFORMES　　鸬鹚科 Phalacrocoracidae

海鸬鹚-王小平/摄

135 海鸬鹚　Pelagic Cormorant　*Phalacrocorax pelagicus*

鉴别特征　中等体型（70 cm）黑色闪光鸬鹚，体重1 500～2 200 g（♂），1 200～1 600 g（♀）；脸红色似红脸鸬鹚但繁殖期羽冠稀疏而松软；非繁殖羽和幼鸟脸部粉灰；虹膜蓝色，嘴黄色，脚灰色。

生态习性　旅鸟；栖息地一般远离居民点，觅食于开阔河道、湖泊以及水稻田；繁殖季节常成对活动，迁徙、越冬季节可成大群；主要以鱼类为食。

分类与分布　无亚种分化；繁殖于东北至胶东半岛黄河三角洲；越冬于长江下游湖泊及以南地区；胶东半岛东部荣成迁徙季节可见，昆嵛山有文献记录，本次调查未见。

保护现状　国家Ⅱ级重点保护物种；IUCN（2019）濒危（EN）。

普通鸬鹚-于晓平/摄

136 普通鸬鹚　Great Cormorant　*Phalacrocorax carbo*

鉴别特征　大型（90 cm）鸬鹚，体重2 170～2 400 g；喉囊黄色具伸缩性，上嘴弯曲呈钩状；体羽黑色具紫色光泽；头颈部有白色丝状羽；繁殖期脸部有红色斑，喉部色白；亚成体深褐色，下体污白色；虹膜蓝色，嘴及脚黑色。

生态习性　旅鸟；栖息于各种适宜的宽阔水域，性喜群栖，善游泳和潜水；飞行呈"V"字型或斜"一"字队形；潜水捕食鱼类。

分类与分布　国内仅有普通亚种（*P. c. sinensis*）繁殖于北方各种适宜生境，冬季南迁；昆嵛山境内水库常见。

保护现状　中国"三有物种"；IUCN（2019）无危（LC）。

普通鸬鹚（越冬群）-廖小青/摄

鲣鸟目 | 鸬鹚科

绿背鸬鹚-于晓平/摄

137 绿背鸬鹚 Japanese Cormorant *Phalacrocorax capillatus*

鉴别特征　大型（81 cm）黑色鸬鹚，体重约2 500 g；似普通鸬鹚但两翼及背部具偏绿色光泽；夏羽成体头颈绿色闪绿色光泽，头侧具稀疏白色丝状羽，脸部白色块斑较大；冬羽黑褐色，喉部白色，嘴基裸露皮肤黄色；虹膜蓝色，嘴黄色，脚灰黑色。

生态习性　旅鸟；栖息于海岛悬崖峭壁或突兀的礁石上；喜群居；以鱼类为食。

分类与分布　无亚种分化；迁徙季节沿我国东部海岸南迁；昆嵛山境内水库、烟台附近海岛（大黑山岛）偶见。

保护现状　中国"三有物种"；IUCN（2019）无危（LC）。

绿背鸬鹚-于晓平/摄

鹈形目 PELECANIFORMES　　鹮科 Threskiornithidae

白琵鹭-于晓平/摄

138　白琵鹭　Eurasian Spoonbill　*Platalea leucorodia*

鉴别特征　大型（84 cm）白色涉禽，体重约2 000 g；嘴长且呈琵琶状，头部裸出部黄色；虹膜红色或黄色，嘴灰黑而端黄，脚黑色。

生态习性　旅鸟；栖息于河流、湖泊、水库岸边及其浅水处；主要以鱼类、两爬类和其他水生无脊椎动物为食。

分类与分布　国内仅有指名亚种（*P. l. leucorodia*）夏季可能繁殖于新疆西北部天山至东北各省；冬季南迁经中国中部至云南、东南沿海、台湾及澎湖列岛；文献记录烟台夹河、银湖有分布，荣成滨海湿地偶见。

保护现状　国家Ⅱ级重点保护物种；IUCN（2019）无危（LC）。

白琵鹭-廖小青/摄

鹈形目　PELECANIFORMES　　鹭科　Ardeidae

大麻鸭-于晓平/摄

139 大麻鸭　Eurasian Bittern　*Botaurus stellaris*

鉴别特征　中等偏粗大体型（75 cm）的褐色鹭，体重900~1 350 g（♂），400~805 g（♀）；头顶、髭纹黑色；大部皮黄色而布满褐色杂斑；虹膜黄色，嘴黄色，脚黄绿色。

生态习性　夏候鸟；栖息于河流、湖泊、池塘边芦苇丛、草丛和灌丛；性隐蔽，常呆立隐蔽处纹丝不动，头颈、嘴垂直向上；主要以鱼、虾、蛙、蟹、螺、水生昆虫等为食；繁殖期5~7月，芦苇、灌丛盘状巢，窝卵数4~6枚，异步孵化，雌雄共同孵卵育雏，雏鸟晚成。

分类与分布　国内仅有指名亚种（*B. s. stellaris*）繁殖于新疆、内蒙古、东北和华北；冬季南迁至长江流域及以南；烟台、威海、荣成滨海湿地夏季偶见。

保护现状　中国"三有物种"；IUCN（2019）无危（LC）。

黄斑苇鳽-廖小青/摄

140 黄斑苇鳽 Yellow Bittern *Ixobrychus sinensis*

鉴别特征 小型（32 cm）皮黄及黑色苇鳽，体重52～124 g（♂），79～115 g（♀）；雄性顶冠黑色，上体淡黄褐色，下体皮黄；黑色飞羽与皮黄色覆羽成对比；与栗苇鳽雄鸟不同在于喉部无黑色中线；虹膜黄色，眼周裸露皮肤黄绿色，嘴绿褐色，脚黄绿色。

生态习性 夏候鸟；喜生长芦苇湖泊、河流、水库、沼泽、稻田等湿地；性甚机警，常静立于芦苇秆上伸直头颈观察动静，危险迫近时即刻起飞；以鱼、虾、蛙、水生昆虫等为食；繁殖期5～7月，芦苇丛营巢，窝卵数4～6枚，异步孵化，雏鸟晚成。

分类与分布 无亚种分化；除新疆、西藏、青海外见于各省；昆嵛山附近沼泽湿地常见。

保护现状 中国"三有物种"；IUCN（2019）无危（LC）。

黄斑苇鳽-于晓平/摄

紫背苇鳽-薛琳/摄

141 紫背苇鳽 Von Schrenck's Bittern *Ixobrychus eurhythmus*

鉴别特征　小型（33 cm）深褐色苇鳽，体重103～150 g（♂），123～160 g（♀）；雄鸟顶冠黑色，上体紫栗色无斑纹，胸具深色中央纵纹；雌鸟上体具点斑或鱼鳞斑，下体具纵纹；虹膜黄色，嘴绿黄色，脚绿色。

生态习性　夏候鸟；栖息于湖泊、沼泽、河流两岸芦苇草丛或林间湿地；单独活动，性隐蔽；主要以鱼类、蛙类和水生昆虫为食；营巢于芦苇丛，窝卵数4～6枚。

分类与分布　无亚种分化；繁殖于从东北至中国东部、中部广大地区；烟台各河流以及威海偶见。

保护现状　中国"三有物种"；IUCN（2019）无危（LC）。

栗苇鳽-张立成/摄

142 栗苇鳽 Cinnamon Bittern *Ixobrychus cinnamomeus*

鉴别特征 体型略小（41 cm）的橙褐色苇鳽，体重120～187 g（♂），120～171 g（♀）；成年雄鸟顶冠栗色；上体栗色，下体黄褐，具黑色喉线，无黑色肩羽；雌鸟色暗，褐色较浓；虹膜黄色，嘴黄色，基部裸露皮肤橘黄，脚绿色。

生态习性 夏候鸟；栖息于河流、池塘附近芦苇、草丛；单独活动，性机警，很少飞行；营巢于芦苇丛，窝卵数3～8枚。

分类与分布 无亚种分化；分布于从东北南部经华北、华中、华东到西南广大地区；烟台各河流以及威海偶见。

保护现状 中国"三有物种"；IUCN（2019）无危（LC）。

黑苇鳽（雄）-于晓平/摄

143 黑苇鳽 Black Bittern *Ixobrychus flavicollis*

鉴别特征　中等体型（54 cm）近黑色苇鳽，体重260～340 g（♂），200～360 g（♀）；成年雄鸟通体青灰色（野外看似黑色），颈侧黄色，喉具黑色及黄色纵纹；雌鸟褐色较浓，下体白色较多；虹膜红色或褐色，嘴黄褐色，脚黑褐色（有变异）。

生态习性　夏候鸟；生态习性类似其他苇鳽；窝卵数4～6枚。

分类与分布　国内仅有指名亚种（*I. f. flavicollis*）见于华北（部分）、西北（部分）、西南、长江中下游、东南部及华南沿海地区；胶东半岛（威海）偶见。

保护现状　中国"三有物种"；IUCN（2019）无危（LC）。

夜鹭（左上成体右下亚成体）-于晓平/摄

144 夜 鹭 Night Heron *Nycticorax nycticorax*

鉴别特征 中等体型（61 cm）蓝黑、白色鹭，体重500～685 g（♂），480～585 g（♀）；头大而喙粗壮尖直；夏羽枕后具两枚细长白色冠羽；头顶、背黑而具蓝绿色金属光泽，翅及尾羽灰色；下体白色；余部灰白色；虹膜红色，嘴黑色，脚污黄色。

生态习性 夏候鸟；栖息于平原和低山丘陵地区溪流、水塘、江河、沼泽和水田；夜行性；主要以鱼、虾、水生昆虫等为食；繁殖期4～7月，常与白鹭、牛背鹭、池鹭等混群繁殖，树冠部盘状巢，窝卵数3～5枚，异步孵化，双亲轮流孵化育雏，雏鸟晚成。

分类与分布 国内仅有指名亚种（*N. n. nycticorax*）广布于华北、华东、华中和华南；昆嵛山常见。

保护现状 中国"三有物种"；IUCN（2019）无危（LC）。

绿鹭（育雏）-张英军/摄

145 绿 鹭 Striated Heron *Butorides striata*

鉴别特征 体小（43 cm）的深灰色鹭，体重315 g（♂），250～315 g（♀）；成鸟顶冠及松软长冠羽闪绿黑色光泽；两翼及尾青蓝色并具绿色光泽；腹部粉灰；虹膜黄色，嘴黑色，脚偏绿。

生态习性 夏候鸟；栖息于山区河流、水库、沼泽等水草茂盛之处；性孤僻；常单独长时间站立于水边石头上伺机捕捉鱼类、蛙类、昆虫等；繁殖期5～6月，营巢于树冠，窝卵数3～5枚，雌雄轮流孵化，雏鸟晚成。

分类与分布 国内有3个亚种；其中黑龙江亚种（*B. s. amurensis*）繁殖于中国东北、河北、山东；沿东部海岸南迁越冬；昆嵛山境内河流、水库可见。

保护现状 中国"三有物种"；IUCN（2019）无危（LC）。

绿鹭-张英军/摄

池鹭-廖小青/摄

146 池 鹭 Chinese Pond Heron *Ardeola bacchus*

鉴别特征 体型略小（47 cm左右）的鹭类，体重270 g（♂），150～280 g（♀）；嘴粗直而尖；夏羽头、颈深栗色，胸酱紫色；冠羽甚长，下颈和上胸羽毛呈长矛状，上背和肩羽铅灰褐色呈蓑衣状，其余体羽白色；冬羽具褐色纵纹，飞行时体白而背部深褐；虹膜褐色，嘴黄而端黑，脚绿灰色。

生态习性 夏候鸟；栖息于稻田或其他漫水地带；单只或3～5只结小群在水田或沼泽地中觅食，不甚惧人；食性以鱼类、蛙、昆虫为主；繁殖期3～6月，乔木或竹林营巢，常与其他鹭科鸟类混群，窝卵数3～5枚，雌雄轮流孵化，雏鸟晚成。

分类与分布 无亚种分化；分布于除黑龙江以外其他各省；昆嵛山境内湿地偶见。

保护现状 中国"三有物种"；IUCN（2019）无危（LC）。

池鹭-于晓平/摄

147 牛背鹭 Cattle Egret *Bubulcus ibis*

鉴别特征　体型略小（50 cm左右）的白色鹭，体重325～440 g（♂），302～440 g（♀）；夏羽头、颈、胸部橙黄色，余部白色；冬羽白色，与其他白鹭区别在于其颈短、头圆、嘴短厚；虹膜黄色，嘴黄色，脚暗黄至近黑。

生态习性　夏候鸟；栖息于湖泊、水库、水田、沼泽地；常成对或3～5只随耕牛活动，时常停歇于牛背上觅食寄生虫；以昆虫为主要食物；繁殖期4～7月，与其他鹭类混群营巢于树林或竹林；窝卵数4～9枚，雌雄轮流孵化，雏鸟晚成。

分类与分布　国内仅有普通亚种（*B. i. coromandus*）除新疆、宁夏外见于各省；昆嵛山境内湿地常见。

保护现状　中国"三有物种"；IUCN（2019）无危（LC）。

牛背鹭（与白鹭混群）-于晓平/摄

牛背鹭-于晓平/摄

鹈形目 | 鹭科

苍鹭（配对）-廖小青/摄

148 苍 鹭 Grey Heron *Ardea cinerea*

鉴别特征 大型（约93 cm）白、灰及黑色鹭，体重950～1 800 g；嘴尖直且长；过眼纹、冠羽、飞羽和胸斑黑色；头、颈、胸白色，颈部具黑色纵纹，余部白色；幼鸟头颈部灰色重，无黑色；虹膜黄色，嘴黄绿色，脚偏黑。

生态习性 夏候鸟（部分留鸟）；栖息于草滩、江畔河岸、沼泽草丛、湖泊及水库浅水处；性孤僻，长久静立水边捕食鱼类、蛙类和昆虫；繁殖期3～6月，集群营巢于树冠或者芦苇、草丛，窝卵数3～6枚，异步孵卵育雏，雌雄轮流孵卵育雏，雏鸟晚成。

分类与分布 国内有2个亚种；其中普通亚种（*A. c. jouyi*）除新疆外广布于各省；昆嵛山境内常见。

保护现状 中国"三有物种"；IUCN（2019）无危（LC）。

苍鹭（亚成体）-于晓平/摄

草鹭-张英军/摄

149 草 鹭 Purple Heron *Ardea purpurea*

鉴别特征 体大（约80 cm）的灰、栗及黑色鹭，体重780~1 250 g（♂），1 075~1 160 g（♀）；顶冠黑色并具两道饰羽，颈棕色且颈侧具黑色纵纹，背及覆羽灰色，飞羽黑，其余体羽红褐色；虹膜黄色，嘴褐色，脚红褐色。

生态习性 夏候鸟；喜稻田、芦苇丛、湖泊等湿地环境；性孤僻，常单独在水边伺机捕获猎物；飞行振翅缓慢，多以水生动物、昆虫为食；繁殖期4~5月，常30~40对结群繁殖或与苍鹭及其他鸟混群，窝卵数3~5枚。

分类与分布 国内仅有普通亚种（*A. p. manilensis*）见于除新疆、西藏、青海外各省；昆嵛山附近河流偶见。

保护现状 中国"三有物种"；IUCN（2019）无危（LC）。

草鹭-廖小青/摄

大白鹭（繁殖羽）-冯磊/摄

150 大白鹭　Great Egret　*Ardea alba*

鉴别特征　体型较大（约95 cm）的白色鹭，体重875～1 100 g（♂），625～1 025 g（♀）；嘴厚重，颈部具特别扭结；繁殖期背披蓑羽；虹膜黄色，嘴黑（繁殖期），黄色端部色深（非繁殖期），脚黑色。

生态习性　夏候鸟；栖息于沿海和内陆各种湿地；成群迁徙与越冬；站姿高直；从上至下刺穿捕获猎物，主要以鱼、蛙、软体动物、甲壳动物、水生昆虫等为食；繁殖期4～7月，集群营巢于高大乔木，窝卵数3～6枚，异步孵化，雏鸟晚成。

分类与分布　国内有2个亚种；其中普通亚种（*A. a. modesta*）夏候鸟于东北、华北；指名亚种（*A. a. alba*）繁殖于东北北部和新疆；迁徙途经中国北部；昆嵛山境内常见。

保护现状　中国"三有物种"；IUCN（2019）无危（LC）。

大白鹭（冬羽，与白鹭混群）-于晓平/摄

中白鹭-于晓平/摄

151 中白鹭 Intermediate Egret *Ardea intermedia*

鉴别特征 大型（69 cm左右）白色鹭，体重380～700 g（♂），480～560 g（♀）；体型大小介于白鹭与大白鹭之间，嘴相对短；夏羽背及胸部具松软长丝状饰羽；虹膜黄色，嘴黑（夏季），黄色端部略黑（冬季），脚黑色。

生态习性 夏候鸟；喜稻田、湖畔、沼泽地；主要以小鱼、虾、蛙类及昆虫等为食；繁殖期4～6月，与其他水鸟混群营巢，窝卵数2～4枚，雌雄轮流孵化，雏鸟晚成。

分类与分布 国内仅有指名亚种（*A. i. intermedia*）常见于除新疆、宁夏、青海之外大部分地区；昆嵛山及附近海滨可见。

保护现状 中国"三有物种"；IUCN（2019）无危（LC）。

中白鹭-廖小青/摄

白鹭-时良/摄

152 白 鹭 Little Egret *Egretta garzetta*

鉴别特征 中等偏小（60 cm）的白色鹭，体重350～540 g（♂），330～525 g（♀）；体羽纯白，繁殖期头部具细长冠羽，胸部具垂细长蓑羽；虹膜黄色，嘴、腿黑色，趾黄绿色。

生态习性 夏候鸟；栖息于各类湿地，喜稻田、河岸、沙滩及沿海小溪流等水域；性群栖，常与大白鹭、白琵鹭混群捕食鱼类；与苍鹭、夜鹭等混群繁殖，繁殖期3～9月，窝卵数4～5枚。

分类与分布 国内仅有指名亚种（*E. g. garzetta*）广布于除东北南部辽宁之外大部分地区；昆嵛山及附近湿地常见。

保护现状 中国"三有物种"；IUCN（2019）无危（LC）。

白鹭（越冬群）-于晓平/摄

黄嘴白鹭-于晓平/摄

153 黄嘴白鹭　Chinese Egret　*Egretta eulophotes*

鉴别特征　中等体型（68 cm）的白色鹭，体重490～650 g（♂），320～470 g（♀）；夏羽通体纯白，头顶至枕部具长矛状冠羽，背部、肩部、前颈具长蓑羽；冬季蓑羽消失；虹膜黄色，眼先裸出皮肤蓝色，冬季黄绿；嘴橙黄，冬季黄褐色；脚黄绿色。

生态习性　夏候鸟；栖息于海岸峭壁树丛、潮间带、盐田以及内陆树林；以鱼、虾和蛙等为食；繁殖期5～7月，常与池鹭、夜鹭、牛背鹭混群繁殖，窝卵数2～5枚。

分类与分布　无亚种分化；繁殖于东北、华北至东南沿海；昆嵛山附近海滨偶见。

保护现状　国家Ⅱ级重点保护物种；IUCN（2019）易危（VU）。

黄嘴白鹭-廖小青/摄

鹰形目　　　　　鹗科
ACCIPITRIFORMES　　Pandionidae

鹗-廖小青/摄

154 鹗　Osprey　*Pandion haliaetus*

鉴别特征　中等体型（55 cm）的褐、黑、白色猛禽，体重1 075～1 380 g（♂），1 600 g（♀）；头及下体白色，具黑色贯眼纹和可竖立的短羽冠，上体暗褐；虹膜黄色，嘴黑，蜡膜灰，脚灰色。

生态习性　留鸟；喜水库、湖泊、河流等水域；常在水面上空盘旋甚至悬停伺机俯冲捕食鱼类，有时也捕食蛙类、蜥蜴和小鸟；繁殖期5～7月，营巢于水边岩石，窝卵数2～3枚，雌雄轮流孵卵（雌鸟为主），雏鸟晚成。

分类与分布　无亚种分化；广布于全国各省；昆嵛山境内水库及附近海域偶见。

保护现状　国家Ⅱ级重点保护物种；IUCN（2019）无危（LC）。

鹰形目　　鹰科
ACCIPITRIFORMES　　Accipitridae

黑翅鸢-于晓平/摄

黑翅鸢-廖小青/摄

155 黑翅鸢 Black-winged Kite *Elanus caeruleus*

鉴别特征　体小（30 cm）的白、灰及黑色鸢，体重约300 g；具黑色肩部斑块及形长的初级飞羽；成鸟头顶、背、翼覆羽及尾基部灰色，脸、颈及下体白色；亚成鸟似成鸟但沾褐色；虹膜红色，嘴黑色，蜡膜黄色，脚黄色。

生态习性　留鸟；常单独停歇于树桩、电杆顶端，唯一振羽悬停寻找猎物的白色鹰类；以鼠类、蜥蜴、昆虫和小鸟为食；繁殖期4~7月，窝卵数3~5枚，雌雄轮流孵化，雏鸟晚成。

分类与分布　国内仅有南方亚种（*E. c. vociferus*）见于中国云南、广东、广西和香港；近年来其种群向北扩散至华北地区京津冀和山东等地；昆嵛山境内可见。

保护现状　国家Ⅱ级重点保护物种；IUCN（2019）无危（LC）。

凤头蜂鹰-张英军/摄

156 凤头蜂鹰 Oriental Honey Buzzard *Pernis ptilorhynchus*

鉴别特征　中等体型（58 cm）的深色猛禽，体重1 000～1 200 g；具不显著羽冠；上体由白至赤褐色，下体满布斑点和横纹，尾具不规则横纹；浅色喉斑缘黑色纵纹，虹膜橘黄，嘴灰色，脚黄色。

生态习性　旅鸟，栖息于针叶林、阔叶林，有时也到开阔乡村、城镇；多单只活动；可长时间滑翔伴随鸣叫；喜食蜜蜂、胡蜂及其幼虫，也称为蜜鹰，也吃鼠、蛙、蜥蜴、鸟类和蛇类等。

分类与分布　国内有2个亚种；其中东方亚种（*P. p. orientalis*）繁殖于黑龙江至辽宁；冬季经华北、华中及华东至台湾、东南各省越冬；昆嵛山境内林区偶见。

保护现状　国家Ⅱ级重点保护物种；IUCN（2019）无危（LC）。

秃鹫-于晓平/摄

157 秃 鹫 Cinereous Vulture *Aegypius monachus*

鉴别特征　体型硕大（100 cm）的黑褐色猛禽，体重6 850～8 500 g（♂），5 750～9 200 g（♀）；嘴强大，鼻孔圆形；头顶和枕部裸出，仅被短黑褐色绒羽；后颈裸出，浅蓝色；身体余部黑褐色；虹膜褐色，嘴角质色，蜡膜浅蓝色，脚灰色。

生态习性　留鸟；栖息于高山，成群或单独活动，能长时间翱翔；以大型动物和其他腐烂动物尸体为食；繁殖期4～7月，营巢于高大乔木或悬崖，窝卵数1～2枚，雌雄轮流孵化，雏鸟晚成，育雏期极长（3～4个月）。

分类与分布　无亚种分化；广布于国内各省但数量稀少；昆嵛山境内季节性偶见。

保护现状　国家 I 级重点保护物种；IUCN（2019）近危（NT）。

白肩雕-于晓平/摄

158 白肩雕 Imperial Eagle *Aquila heliaca*

鉴别特征　大型（75 cm）深褐色雕，体重1 125 g～2 125 g（♂），1 190～4 000 g（♀）；成鸟通体暗褐色；头顶、颈背皮黄色，肩羽有白斑；尾基部具黑、灰色横斑；幼鸟皮黄色，体羽及覆羽具深色纵纹，下背及腰具大片乳白色斑；飞行时身体及翼下黑色，7枚翼指显著；虹膜浅褐，嘴灰色，蜡膜黄色，脚黄色。

生态习性　旅鸟；栖息于山地混交林、阔叶林、草原和丘陵地区开阔原野；常单独活动，可长时间静立树桩；主要以啮齿类、草兔、雉鸡、野鸭、斑鸠等为食。

分类与分布　无亚种分化；繁殖于新疆西北部；其他地区多为罕见旅鸟或冬候鸟；文献记载昆嵛山有分布，本次调查未见。

保护现状　国家Ⅰ级重点保护物种；IUCN（2019）易危（VU）。

金雕-于晓平/摄

159 金 雕 Golden Eagle *Aquila chrysaetos*

鉴别特征 大型（85 cm）浓褐色雕，体重2 000～5 900 g（♂），3 400～5 500 g（♀）；头、枕、后颈披针状金黄色羽毛；飞行时翼极长，翼指显著，腰部白斑明显可见，尾长而圆，具黑色横斑和端斑；幼鸟白色翼斑和尾基部白色更显著；虹膜褐色，嘴巨大，灰色，脚黄色。

生态习性 留鸟；栖息于高山草原、森林、湖泊周边开阔原野，喜停留在高山岩石峭壁或大树；主要捕食大型鸟类和中小型兽类；繁殖期4～6月，多在高大云杉、杨树或悬崖峭壁石坎或岩洞中筑巢，窝卵数1～2枚，雌鸟孵化，雄鸟警戒和捕食，雏鸟晚成。

分类与分布 国内有2个亚种；其中华西亚种（*A. c. daphanea*）罕见于除东北、内蒙古以外各省；文献记录昆嵛山有分布，本次调查未见。

保护现状 国家Ⅰ级重点保护物种；IUCN（2019）无危（LC）。

白腹隼雕-万宪/摄

160 白腹隼雕 Bonelli's Eagle *Aquila fasciata*

鉴别特征　大型（59 cm）猛禽，体重1 500～2 100 g（♂），1 900～2 500 g（♀）；雌性显著大于雄性；上体暗褐，棕褐色冠羽矛状；下体白色沾褐色纵纹；黑色长尾羽具黑褐色波浪形斑和黑色宽阔次端斑；虹膜黄褐，嘴灰而蜡膜黄色，脚黄色。

生态习性　迷鸟；栖息于低山丘陵、多悬崖山地森林；常单独翱翔于高空或低空高速滑翔；大胆而凶猛；以鸟类、小型哺乳动物和爬行动物为食。

分类与分布　国内仅有指名亚种（*A. f. fasciata*）繁殖于华南、华东南和西南；偶见迷鸟于华北地区；文献记录烟台近海岛屿有分布，本次调查未见。

保护现状　国家Ⅱ级重点保护物种；IUCN（2019）无危（LC）。

赤腹鹰-向定乾/摄

161 赤腹鹰 Chinese Sparrowhawk *Accipiter soloensis*

鉴别特征 中等体型（33 cm）的鹰类，体重108～130 g（♂），110～120 g（♀）；上体淡蓝灰，下体白，胸及两胁染橙色，两胁具浅灰色横纹；飞行时翼狭长而尖，翼下全白仅初级飞羽羽端黑色；虹膜红或褐色，嘴灰而端黑，蜡膜和脚橘黄。

生态习性 夏候鸟；栖息于林缘、低山丘陵和村庄附近；常单独或成小群活动，休息时多停息树木或电杆顶端；主要以蛙、蜥蜴、小鸟、鼠类等为食；繁殖期5～7月，窝卵数2～5枚，雌鸟孵卵，雏鸟晚成。

分类与分布 无亚种分化；常见于从东北南部辽宁至除新疆、西藏和青海之外几乎所有省份；昆嵛山林区夏季可见。

保护现状 国家Ⅱ级重点保护物种；IUCN（2019）无危（LC）。

松雀鹰-傅萌/摄

162 松雀鹰 Besra *Accipiter virgatus*

鉴别特征　中等体型（33 cm）的深色鹰类，体重160～190 g；似凤头鹰但体型小并缺少羽冠；雄性成体上体深灰，下体白而密布褐色横斑；喉白而具黑色喉中线；尾具粗横斑；雌鸟体型稍大，上体褐色；虹膜黄色，嘴黑色，脚黄色。

生态习性　留鸟；多单独活动于林缘地带，冬季也到平原活动；停留树冠顶部伺机捕食小型鸟类；繁殖期5～6月，营巢于茂密树冠部，窝卵数3～4枚，雏鸟晚成。

分类与分布　中国有3个亚种；其中普通亚种（*A. v. affinis*）分布于东北、华北、西北、华中、西南、华东南等广大地区；昆嵛山林区偶见。

保护现状　国家Ⅱ级重点保护物种；IUCN（2019）无危（LC）。

雀鹰（雌）-于晓平/摄
雀鹰（雄）-李大国/摄

163 雀 鹰 Eurasian Sparrowhawk *Accipiter nisus*

鉴别特征　中等体型（32～38 cm）而翼短的鹰类，体重120～170 g（♂），190～300 g（♀）；雄鸟上体灰色，下体白而有棕色横斑，尾具横带，脸颊棕色；雌鸟体型较大，上体褐，下体白及腿上有灰褐色横斑；虹膜黄色，嘴呈角质色而端黑，脚黄色。

生态习性　夏候鸟；栖息于针叶林、混交林、阔叶林和林缘地带，常单独活动；善于从停歇处伏击猎物；繁殖期5～7月，乔木主干基部营巢，窝卵数2～4枚，雌鸟孵卵，雏鸟晚成。

分类与分布　国内有3个亚种；其中北方亚种（*A. n. nisosimilis*）除西藏、青海外见于各省；昆嵛山境内偶见。

保护现状　国家Ⅱ级重点保护物种；IUCN（2019）无危（LC）。

苍鹰（成体）-廖小青/摄

164 苍　鹰 Norhern Goshawk *Accipiter gentilis*

鉴别特征　体形较大（56 cm）而强健的鹰类，体重500~800 g（♂），640~870 g（♀）；成鸟体灰，无冠羽或喉中线，具白色宽眉纹；下体白色具灰褐色细横纹；幼鸟上体褐色，羽缘色浅成鳞状纹，下体具黑色短粗纵纹；虹膜红色（幼鸟黄色），嘴灰色，脚黄色。

生态习性　夏候鸟；栖息于不同海拔针叶林、混交林和阔叶林；能在密林中快速穿行追逐猎物；主要食物为鸽类，但也捕食其他鸟类及哺乳动物，如野兔；繁殖期4~6月，营巢于高大乔木，窝卵数2~4枚，雏鸟孵卵，雌鸟晚成。

分类与分布　国内有4个亚种；其中普通亚种（*A. g. schvedowi*）分布于除台湾外各省；昆嵛山林区可见。

保护现状　国家Ⅱ级重点保护物种；IUCN（2019）无危（LC）。

苍鹰（亚成体）-于晓平/摄

白头鹞（雄）-张岩/摄

165 白头鹞 Western Marsh Harrier *Circus aeruginosus*

鉴别特征 中等体型（52 cm）的深色鹞，体重520～560g（♂），720～760 g（♀）；雄鸟似雄性白腹鹞亚成，但头部多皮黄色而少深色纵纹；雌鸟及亚成鸟似白腹鹞但背部更为深褐，尾无横斑，头顶少深色粗纵纹；虹膜雄鸟黄色，雌鸟及幼鸟淡褐色，嘴灰色，脚黄色。

生态习性 夏候鸟；常见于开阔芦苇沼泽地带；喜低空滑行袭击地面猎物；以水禽、鸣禽和鼠类等为食；繁殖期5～7月，窝卵数4～5枚，雌鸟孵卵，雏鸟晚成。

分类与分布 国内仅有指名亚种（*C. a. aeruginosus*）分布于东北、华北、西北、西南及东南沿海；文献记录昆嵛山有分布，本次调查未见。

保护现状 国家Ⅱ级重点保护物种；IUCN（2019）无危（LC）。

白头鹞（雌）-张岩/摄

白尾鹞（雄）-吴宗凯/摄

166 白尾鹞 Hen Harrier *Circus cyaneus*

鉴别特征 中等偏大体型（50 cm）的灰色或褐色鹞，体重350～390 g（♂），440～550 g（♀）；雄鸟上体蓝灰，下体白，具醒目白色腰带和黑色翼尖；雌鸟褐色而斑驳，尾上覆羽白色，尾部有3～5条深褐色横带；虹膜浅褐色，嘴灰色，脚黄色。

生态习性 夏候鸟；喜开阔原野、草地和农田；常沿地面低空飞行寻找猎物，以小型鸟类、啮齿类、两栖类等为食；繁殖期4～7月，地面巢，窝卵数4～5枚，雌鸟孵卵，共同育雏，雏鸟晚成。

分类与分布 国内仅有指名亚种（*C. c. cyaneus*）分布几乎遍及全国各地；昆嵛山及邻近地区（威海）常见。

保护现状 国家Ⅱ级重点保护物种；IUCN（2019）无危（LC）。

白尾鹞（雌）-廖小青/摄

鹊鹞（雄）-于晓平/摄

167 鹊　鹞 Pied Harrier *Circus melanoleucos*

鉴别特征　偏小体型（42 cm）两翼细长的鹞，体重260～310 g（♂），320～380 g（♀）；雄鸟头、颈、上背、胸黑色；雌鸟上体褐色沾灰并具纵纹，下体皮黄具棕色纵纹，腰白，尾具横斑；虹膜黄色，嘴角质色，脚黄色。

生态习性　旅鸟；栖息于开阔河谷、沼泽、农田等多种生境；通常单独低空滑翔捕食小鸟、鼠类、蛙类等小型动物。

分类与分布　无亚种分化；除新疆、青海、西藏外广泛分布；文献记录昆嵛山有分布，本次调查未见。

保护现状　国家Ⅱ级重点保护物种；IUCN（2019）无危（LC）。

乌灰鹞（雄）-韦铭/摄

168 乌灰鹞 Montagu's Harrier *Circus pygarus*

鉴别特征 中等体型（46 cm）的灰色鹞，体重260～290 g（♂），340～380 g（♀）；雄鸟上体蓝灰色，下体白色具显著棕色纵纹，翼尖黑色；翼背具一条、腹面具两条黑色带区别于白尾鹞和草原鹞；雌鸟上体褐色，下体皮黄具棕褐粗纵纹；虹膜黄色，嘴、脚黄色。

生态习性 冬候鸟；栖息于开阔丘陵、平原、河谷、林缘等多种生境；单独低空滑翔伺机捕捉地面鼠类、蜥蜴、小鸟等。

分类与分布 无亚种分化；繁殖于新疆西部天山；山东、长江沿岸具零星越冬记录；文献记录昆嵛山有分布，本次调查未见。

保护现状 国家Ⅱ级重点保护物种；IUCN（2019）无危（LC）。

黑鸢-于晓平/摄

169 黑 鸢 Black Kite *Milvus migrans*

鉴别特征 体型略大（65 cm）的深褐色猛禽，体重680~830 g（♂），900 g（♀）；尾略显分叉，飞行时初级飞羽基部具显著浅色次端斑块；耳羽黑色，翼上斑块较白；虹膜棕色或黄色，嘴灰色，脚黄色。

生态习性 留鸟；栖息于开阔平原、草地、荒原和低山丘陵地带；喜停歇于树桩、电杆；主要以鼠类、小型鸟类、两爬类和昆虫等为食，有时在旅游区垃圾堆放处寻找食物；繁殖期4~7月，高大乔木或峭壁营巢，窝卵数2枚，雌雄共同孵卵育雏，雏鸟晚成。

分类与分布 国内有3个亚种；其中普通亚种（*M. m. lineatus*）留鸟于东北、西北、华中多省；冬季见于东部沿海；昆嵛山境内较常见。

保护现状 国家Ⅱ级重点保护物种；IUCN（2019）无危（LC）。

栗鸢（上成体 下亚成体）-李思琪/摄

170 栗 鸢 Brahminy Kite *Haliastur indus*

鉴别特征　中等体型（45 cm）的白色、黄褐色鸢，体重约500 g；头、颈、胸白色；翼、背、尾及腹部深棕红色，与黑色初级飞羽成对比；亚成体通体近褐色，胸具纵纹；虹膜褐色，嘴及蜡膜灰绿，脚暗黄。

生态习性　旅鸟（或迷鸟）；常在河流、湖泊、水库、海滨等水域上空盘旋；以鱼类、蛙类、蟹、虾等为食。

分类与分布　国内有2个亚种；其中指名亚种（*H. i. indus*）罕见于东南沿海；昆嵛山有文献记录，本次调查未见。

保护现状　国家Ⅱ级重点保护物种；IUCN（2019）无危（LC）。

灰脸鵟鹰-于晓平/摄

171 灰脸鵟鹰 Grey-faced Buzzard *Butastur indicus*

鉴别特征 中等体型（45 cm）的偏褐色鵟鹰，体重375～450 g（♂），440～500 g（♀）；上体褐色，具近黑色纵纹及横斑；颏及喉明显白色，具黑色顶纹及髭纹；胸褐色而具黑色细纹；尾羽具三道黑褐色横斑；虹膜黄色，嘴黑而基部橙黄色，脚黄色。

生态习性 旅鸟；栖息于阔叶林、针阔叶混交林以及针叶林；喜从栖处俯冲捕食，以小型蛇类、蛙类、鼠类、野兔和小鸟等为食。

分类与分布 无亚种分化；繁殖于东北；迁徙途经东部沿海至长江以南越冬；昆嵛山林区偶见。

保护现状 国家Ⅱ级重点保护物种；IUCN（2019）无危（LC）。

毛脚鵟-胡振宏/摄

172 毛脚鵟 Rough-legged Hawk *Buteo lagopus*

鉴别特征 中等体型（54 cm）的褐色鵟，体重650～1 200 g（♂），800～1 500 g（♀）；头部较白；飞行时可见翼角黑斑，初级飞羽基部比普通鵟更白，尾白而有明显次端黑色横带；跗骨被羽至趾基部；虹膜黄褐，嘴深灰，蜡膜黄色，脚黄色。

生态习性 冬候鸟；耐寒苔原泰加林鸟类；冬季栖息于平原、丘陵、耕地等开阔地带；主要以小型啮齿类动物和小型鸟类为食。

分类与分布 国内有2个亚种；其中堪察加亚种（*B. l. kamtschatkensis*）迁徙时经过新疆西部、东北、华北、西北等地；越冬于东南沿海；文献记录昆嵛山有分布，本次调查未见。

保护现状 国家Ⅱ级重点保护物种；IUCN（2019）无危（LC）。

大鵟（深色型）-于晓平/摄 　　　　　　　　　大鵟（浅色型）-于晓平/摄

173 大　鵟　Upland Buzzard　*Buteo hemilasius*

鉴别特征　大型（70 cm）棕色鵟，体重1 800 g（♂），1 950~2 100 g（♀）；上体多暗褐，下体白至棕黄色具暗色斑纹；尾具暗灰色横斑；暗色型和浅色型羽色差异较大：浅色型头、颈白而沾黄；深色型通体暗褐色，尾常为褐色；虹膜黄或偏白，嘴蓝灰，跗蹠上半部被羽，脚黄色。

生态习性　旅鸟或冬候鸟；栖息于山脚平原、高山林缘、开阔山地草原和荒漠地带；平时常单独或成小群活动；主要以黄鼠、鼠兔、旱獭、野兔、雉鸡甚至家畜为食。

分类与分布　无亚种分化；繁殖于中国东北；冬季南迁至黄河流域及以南地区；昆嵛山附近可见迁徙个体。

保护现状　国家Ⅱ级重点保护物种；IUCN（2019）无危（LC）。

大鵟（中间型）-廖小青/摄

普通鵟-于晓平/摄

174 普通鵟 Eastern Buzzard *Buteo japonicus*

鉴别特征 体型中等偏大（55 cm）的红褐色鵟，体重600～900 g（♂），700～1 150 g（♀）；上体深红褐，脸侧皮黄具近红色细纹，栗色髭纹显著；下体偏白具棕色纵纹；初级飞羽基部具特征性棕色块斑；尾近端处常具黑色横纹；虹膜黄色至褐色，嘴灰而端黑，蜡膜黄色，跗蹠无被羽，脚黄色。

生态习性 旅鸟；常在开阔平原、荒漠、旷野、农耕区、林缘草地和村庄上空盘旋；多单独活动；主要以鼠类、蜥蜴、野兔、小鸟等为食。

分类与分布 国内仅有指名亚种（*B. j. japonicus*）繁殖于中国东北；迁徙越冬季节各省均有分布；昆嵛山境内较常见。

保护现状 国家Ⅱ级重点保护物种；IUCN（2019）无危（LC）。

鸮形目 STRIGIFORMES　　鸱鸮科 Strigidae

北领角鸮-张英军/摄

175 北领角鸮 Japanese Scops Owl *Otus semitorques**

鉴别特征　小型（24 cm）偏灰色或褐色鸮类，体重140～190 g（♂），135～170 g（♀）；具耳羽簇及浅沙色颈圈；上体偏灰或沙褐，多具黑色及皮黄色杂纹或斑块；下体皮黄色，条纹黑色；虹膜深褐，嘴黄色，脚污黄。

生态习性　留鸟；栖息于山地阔叶林和混交林；单独活动，夜行性；主要以鼠类、甲虫、蝗虫、鞘翅目昆虫为食；繁殖期3～6月，营巢于天然树洞，窝卵数2～6枚，雌雄轮流孵卵，雏鸟晚成。

分类与分布　国内仅有乌苏里亚种（*O. s. ussuriensis*）分布于东北、华北和西北局部；昆嵛山林区偶见。

保护现状　国家Ⅱ级重点保护物种；IUCN（2019）无危（LC）。

*注：领角鸮（*Otus lettia*）日本亚种（*O. l. semitorques*）提升为种。

红角鸮（灰色型）-张英军/摄

176 红角鸮 Oriental Scops Owl *Otus sunia*

鉴别特征 小型（20 cm）鸮类，体重55～75 g（♂），50～100 g（♀）；耳羽显著，面盘灰褐且围以棕褐色和黑色皱领；体羽灰褐多纵纹；腿部覆羽不及趾；有红褐色型和灰色型之分；虹膜黄色，嘴角质色，脚褐灰。

生态习性 夏候鸟；栖息于山地阔叶林和混交林；夜行性，单独活动，繁殖期常鸣叫；主要以鼠类、甲虫、蝗虫、鞘翅目昆虫为食；繁殖期5～8月，树洞营巢，窝卵数3～6枚，雌鸟孵卵，雏鸟晚成。

分类与分布 国内有3个亚种；其中东北亚种（*O. s. stictonotus*）见于东北、华北和西北局部；昆嵛山夏季林区常见。

保护现状 国家Ⅱ级重点保护物种；IUCN（2019）无危（LC）。

红角鸮（红褐色型亚成）-于晓平/摄

红角鸮（灰色型亚成）-于晓平/摄

雕鸮-廖小青/摄

雕鸮-于晓平/摄

177 雕 鸮 Eurasian Eagle-owl *Bubo bubo*

鉴别特征 大型（69 cm）夜行性鸮类，体重1 400~2 900 g（♂），2 350 g（♀）；耳羽簇长；体羽褐色斑驳；胸部偏黄且多具深褐色纵纹；足部覆羽延伸至趾；虹膜橙黄，嘴灰色，脚黄色。

生态习性 留鸟；栖息于山地森林、荒野、峭壁等各类生境；夜行性，白天常注视靠近者；飞行无声；以各种鼠类为主要食物；繁殖期4~6月，树洞、峭壁营巢，窝卵数2~5枚，雌鸟孵卵，雏鸟晚成。

分类与分布 国内有7个亚种；其中东北亚种（*B. b. ussuriensis*）分布于东北和华北；昆嵛山林区偶见。

保护现状 国家Ⅱ级重点保护物种；IUCN（2019）无危（LC）。

灰林鸮-韦铭/摄
灰林鸮（亚成体）-于晓平/摄

178 灰林鸮 Tawny Owl *Strix aluco*

鉴别特征 中等体型（43 cm）偏褐色鸮类，体重440～580 g（♂），630 g（♀）；无耳羽簇；通体具浓红褐色杂斑及纵纹，或通体灰色而具灰褐色杂斑；胸、腹部羽毛具复杂纵纹及横斑；虹膜深褐，嘴、脚黄色。

生态习性 留鸟；栖息于针阔混交林和落叶林靠近水源之处；夜行性；主要以啮齿类为食；树洞营巢，窝卵数2～4枚，雌鸟孵卵，雏鸟晚成。

分类与分布 国内有3个亚种；其中河北亚种（*S. a. ma*）分布于东北、河北、北京、山东；昆嵛山林区偶见。

保护现状 国家Ⅱ级重点保护物种；IUCN（2019）无危（LC）。

斑头鸺鹠-于晓平/摄

179 斑头鸺鹠 Asian Barred Owlet *Glaucidium cuculoides*

鉴别特征　体小（24 cm）而遍布棕褐色横斑的鸮类，体重140～200 g（♂），180～220 g（♀）；面盘不明显，无耳羽簇；额至头顶具褐及黑色横斑，颔纹白色；上体棕色或褐色；下体两侧褐色，具赭色横斑；尾黑褐色，有白色细横纹；虹膜黄褐，嘴偏绿端黄，脚绿黄色。

生态习性　留鸟；栖息于山地林区及林缘农耕地；主要夜行性，白天也活动；捕食昆虫、鼠类；繁殖期3～6月，树洞营巢，窝卵数3～5枚，雌鸟孵卵，雏鸟晚成。

分类与分布　国内有5个亚种；其中华南亚种（*G. c. whitelyi*）分布于华北、西北、西南、华中和东南各省；文献记录昆嵛山有分布，本次调查未见。

保护现状　国家Ⅱ级重点保护物种；IUCN（2019）无危（LC）。

纵纹腹小鸮-廖小凤/摄

180 纵纹腹小鸮 Little Owl *Athene noctua*

鉴别特征　体型小（23 cm）无耳羽簇的鸮，体重105～150 g（♂），100～150 g（♀）；头顶具褐色纹；上体褐色，具白色纵纹和点斑，肩有两道白色或皮黄色横斑；下体白色有褐色杂斑和纵纹；虹膜亮黄色，嘴角质黄色，脚白色被羽。

生态习性　留鸟；栖息于低山丘陵、林缘灌丛和平原森林地带；夜行性，单独活动；主要以昆虫和鼠类为食；繁殖期5～7月，洞穴营巢，窝卵数3～5枚，雌鸟孵卵，雏鸟晚成。

分类与分布　国内有4个亚种；其中普通亚种（*A. n. plumipes*）分布于东北、华北、西北各省；昆嵛山境内常见。

保护现状　国家Ⅱ级重点保护物种；IUCN（2019）无危（LC）。

日本鹰鸮-顾晓军/摄

181 日本鹰鸮 Northern Boobook *Ninox japonica**

鉴别特征 中等体型（30 cm）似鹰的鸮类，体重210～230 g；面盘不显著，无耳羽簇；上体深褐；下体皮黄具宽阔红褐色纵纹；虹膜亮黄色，嘴蓝灰，蜡膜绿色，脚黄色被羽。

生态习性 夏候鸟；栖息于海拔2 000 m以下针阔叶混交林和阔叶林；晨昏活动；主要以鼠类、小鸟和昆虫等为食；繁殖期5～7月，树洞营巢，窝卵数3枚，雌鸟孵卵，雏鸟晚成。

分类与分布 国内有2个亚种；其中指名亚种（*N. j. japonica*）分布于东北、华北和东南沿海；昆嵛山境内可见。

保护现状 国家Ⅱ级重点保护物种；IUCN（2019）无危（LC）。

*注：鹰鸮（*Ninox scutulata*）原来的日本亚种（*N. s. japonica*）和台湾亚种（*N. s. totogo*）合并提升为日本鹰鸮。

日本鹰鸮-张英军/摄

长耳鸮-廖小青/摄

182 长耳鸮 Long-eared Owl *Asio otus*

鉴别特征 中等体型（36 cm）的鸮类，体重210~260 g（♂），190~330 g（♀）；面盘显著，眼区内侧白色，耳羽簇粗而显著；上体褐色，具深色块斑；下体皮黄色，具棕色杂纹及褐色纵纹或斑块；虹膜橙黄，嘴角质灰色，脚被羽，近肉色。

生态习性 夏候鸟；栖息于各类森林；夜行性，晨昏活跃；多单独活动，冬季可形成小群；主要捕食鼠类、小鸟；繁殖期4~6月，通常利用其他鸟类的旧巢，有时也在树洞营巢，窝卵数4~6枚，雌鸟孵卵，雏鸟晚成。

分类与分布 国内仅有指名亚种（*A. o. otus*）除海南外见于各省；昆嵛山境内可见。

保护现状 国家Ⅱ级重点保护物种；IUCN（2019）无危（LC）。

短耳鸮-廖小青/摄

183 短耳鸮 Short-eared Owl *Asio flammeus*

鉴别特征　中等体型（38 cm）的黄褐色鸮类，体重250～340 g（♂），330～400 g（♀）；面盘圆而显著，皮黄色而带有褐色细纹，耳羽簇短小；上体黄褐，满布黑色和皮黄色纵纹；下体皮黄色，具深褐色纵纹；虹膜黄色，嘴深灰，脚偏白。

生态习性　冬候鸟；栖息于低山、丘陵、沼泽、河谷草地等各类生境；晨昏活动频繁，常在河谷草滩低空巡游；主要以鼠类为食。

分类与分布　仅有指名亚种（*A. f. flammeus*）分布于各省；昆嵛山境内可见。

保护现状　国家Ⅱ级重点保护物种；IUCN（2019）无危（LC）。

鸮形目　　草鸮科
STRIGIFORMES　　Tytonidae

草鸮·吕绪/摄　　草鸮·许杰/摄

草鸮（当年幼鸟）·魏东/摄

184　草　鸮　Eastern Grass Owl　*Tyto longimembris*

鉴别特征　中等体型（35 cm）的鸮类，体重约450 g；面盘心形似仓鸮但脸及胸部皮黄色更浓；上体深褐，全身布满点斑和蠕虫状细纹；虹膜褐色，嘴米黄色，脚略白。

生态习性　夏候鸟；栖息于山麓浓密灌草丛；夜行性，飞行无声；以鼠类、蛙类、蛇类、鸟卵为食；繁殖期3～6月，地面巢，窝卵数3～8枚，雏鸟晚成。

分类与分布　国内有2个亚种；其中华南亚种（*T. l. chinensis*）繁殖于华北、华中；越冬于华南地区；文献记载昆嵛山有分布，本次调查未见。

保护现状　国家Ⅱ级重点保护物种；IUCN（2019）无危（LC）。

犀鸟目 BUCEROTIFORMES   戴胜科 Upupidae

戴胜-于晓平/摄

185 戴 胜 Common Hoopoe *Upupa epops*

鉴别特征 中等体型（30 cm）极富特色的鸟类，体重55~90 g；具有长而端黑的耸立型粉棕色丝状羽冠；喙细长且下弯；头、上背、肩及下体浅棕红色，翼及尾具黑白相间条纹；虹膜褐色，嘴、脚黑色。

生态习性 留鸟；栖息于低山、丘陵、农耕地、果园甚至城市绿地；警觉或降落后羽冠短暂开启，不甚惧人；以长嘴在草地寻找各种昆虫、蚯蚓等；繁殖期4~6月，树洞或岩洞营巢，窝卵数6~8枚，雌鸟孵卵，雏鸟晚成。

分类与分布 国内有2个亚种；其中指名亚种（*U. e. epops*）分布于除海南外各省；昆嵛山地区常见。

保护现状 中国"三有物种"；IUCN（2019）无危（LC）。

戴胜 - 张英军/摄

戴胜（育雏）- 郭陆和/摄

佛法僧目
CORACIIFORMES

佛法僧科
Coraciidae

三宝鸟-赵纳勋/摄

186 三宝鸟 Dollarbird *Eurystomus orientalis*

鉴别特征	中等体型（30 cm）深蓝色佛法僧，体重110～190 g；具宽阔红嘴；通体羽色暗蓝灰色，喉亮蓝色；虹膜褐色，嘴珊瑚红色而端黑（亚成体黑色），脚橘黄色或红色。
生态习性	夏候鸟；栖息于针阔叶混交林和阔叶林林缘路边及河谷两岸高大乔木或电线上；飞行姿势怪异、飘忽不定，空中飞行捕食各种昆虫；繁殖期5～8月，树洞营巢，窝卵数3～4枚，雌雄轮流孵卵，雏鸟晚成。
分类与分布	国内仅有普通亚种（*E. o. cyanicollis*）分布于除新疆、西藏、青海外各省；昆嵛山夏季偶见。
保护现状	中国"三有物种"；IUCN（2019）无危（LC）。

三宝鸟-赵纳勋/摄

三宝鸟-赵纳勋/摄

佛法僧目 CORACIIFORMES 翠鸟科 Alcedinidae

蓝翡翠-廖小青/摄

187 蓝翡翠 Black-capped Kingfisher *Halcyon pileata*

鉴别特征	大型（30 cm）蓝、白、黑色相间的翠鸟，体重80~115 g；头黑；翼上覆羽黑色，上体蓝或紫色；两胁及臀沾棕色；飞行时白色翼斑显见；虹膜深褐色，嘴、脚红色。
生态习性	夏候鸟；栖息于山涧溪流、山麓及平原地带的河流与沼泽；常单独长时间静立水边伺机捕鱼、虾等水生动物；繁殖期5~7月，凿洞营巢于土崖壁或河流堤坝，窝卵数4~6枚，雌雄轮流孵卵，雏鸟晚成。
分类与分布	无亚种分化；除新疆、西藏、青海外见于各省；昆嵛山及附近河流湿地（辛安河）夏季偶见。
保护现状	中国"三有物种"；IUCN（2019）无危（LC）。

蓝翡翠-张英军/摄

普通翠鸟-于晓平/摄

188 普通翠鸟 Common Kingfisher *Alcedo atthis*

鉴别特征　体型较小（15 cm）的翠鸟，体重22~32 g；嘴粗长且直；上体金属浅蓝绿色，颈侧具白色点斑；下体橙棕色，颏白；虹膜褐色，嘴黑色（雄），下颚橘黄色（雌），脚红色。

生态习性　留鸟；栖息于有灌丛或疏林生长的小河、溪流、湖泊以及灌溉渠等水域；喜停留水边石头、孤立横枝伺机入水捕食小型鱼类；繁殖期5~7月，凿洞营巢于水边土石岩壁，窝卵数4~6枚。

分类与分布　国内有2个亚种；其中普通亚种（*A. a. bengalensis*）分布于除新疆外各省；昆嵛山境内常见。

保护现状　中国"三有物种"；IUCN（2019）无危（LC）。

冠鱼狗-于晓平/摄

189 冠鱼狗 Crested Kingfisher *Megaceryle lugubris*

鉴别特征　中型（41 cm）翠鸟，体重270～320 g；冠羽发达，大块白斑由颊区延至颈侧；下体白色，具黑色斑纹，两胁具皮黄色横斑；雄鸟翼线白色，雌鸟黄棕色；虹膜褐色，嘴和脚黑色。

生态习性　留鸟；栖息于山麓、小山丘或平原森林河溪；主要以鱼类等水生动物为食；繁殖期2～8月，窝卵数4～7枚。

分类与分布　国内有2个亚种；其中普通亚种（*M. l. guttulata*）分布于中国中部、东部和南部；昆嵛山地区偶见于威海。

保护现状　中国"三有物种"；IUCN（2019）无危（LC）。

斑鱼狗-张岩/摄

190 斑鱼狗 Lesser Pied Kingfisher *Ceryle rudis*

鉴别特征 体型中等（27 cm）黑白色鱼狗，体重100～130 g；冠羽较小，具白色眉纹；上体黑而多具白点；上胸具黑色宽阔条带，其下具狭窄黑斑；下体白色，虹膜褐色，嘴和脚黑色。

生态习性 留鸟；栖息于湖泊、河流、沼泽、水库等地；以小鱼为食，兼吃甲壳类水生生物；通常在海岸或湖泊河流堤岸凿洞营巢，产卵期北方3～9月，南方4～8月。

分类与分布 中国有2个亚种；其中普通亚种（*C. r. insignis*）主要分布于长江以南地区，向北可延伸至华北地区，胶东半岛威海偶见。

保护现状 中国"三有物种"；IUCN（2019）无危（LC）。

啄木鸟目 PICIFORMES　啄木鸟科 Picidae

蚁䴕-赵纳勋/摄

191 蚁䴕　Eurasian Wryneck　*Jynx torquilla*

鉴别特征　体型较小（17 cm）而喙短且不啄木的啄木鸟，体重30~40 g；体羽为难以描述的灰、褐、黑色斑驳状，似树皮；棕褐色过眼纹向后延接背部两侧的褐色纵条带；虹膜淡褐色，嘴角质色，脚褐色。

生态习性　旅鸟；常单独栖息于低山、林缘、果园灌木丛和低矮乔木林，不攀爬树干也不啄木；主要以蚂蚁及卵等昆虫为食，也用长舌舔食花蜜。

分类与分布　国内有2个亚种；其中指名亚种（*J. t. torquilla*）繁殖于东北和新疆；迁徙和越冬见于各省；文献记录昆嵛山有分布，本次调查未见。

保护现状　中国"三有物种"；IUCN（2019）无危（LC）。

棕腹啄木鸟-赵纳勋/摄

192 棕腹啄木鸟
Rufous-bellied Woodpecker *Dendrocopos hyperythrus*

鉴别特征　中等体型（20 cm）而色彩浓艳的啄木鸟，体重50～70 g；背、两翼及尾黑，上具成排的白点；头侧及下体浓赤褐色为本种识别特征；臀红色；雄鸟顶冠及枕红色，雌鸟顶冠黑而具白点；虹膜暗褐（雄）或酒红（雌），上嘴黑，下嘴淡黄色，且稍沾绿色，跗蹠和趾暗铅色，爪暗褐色。

生态习性　留鸟；栖息于混交林、针叶林；单个和成对活动，多在树干中上部攀爬；以昆虫为主食；繁殖期4～6月，树洞营巢，窝卵数2～5枚，雌雄轮流孵卵，雏鸟晚成。

分类与分布　国内有3个亚种；其中普通亚种（*D. h. subrufinus*）分布于东北、华北、西北、华中和华东南；文献记录昆嵛山有分布，本次调查未见。

保护现状　中国"三有物种"；IUCN（2019）无危（LC）。

星头啄木鸟·于晓平/摄

193 星头啄木鸟
Grey-capped Woodpecker *Dendrocopos canicapillus*

鉴别特征 体小（15 cm）而具黑白条纹的啄木鸟，体重27～34 g；额至头顶灰色，上体黑色，下体无红色；雄鸟枕部两侧各有一深红色斑，下体具粗著黑色纵纹；虹膜淡褐色，嘴灰色，脚绿灰色。

生态习性 留鸟；栖息于平原低地到海拔2 000 m的混交林；常单独或成对活动，仅繁殖后带雏期间出现家族群；多在树干中上部活动；以昆虫为主食；繁殖期4～6月，树洞营巢，窝卵数4～5枚，雌雄共同孵化育雏，雏鸟晚成。

分类与分布 国内有7个亚种；其中华北亚种（*D. c. scintilliceps*）分布于东北南部辽宁、华北和华东等地；文献记录昆嵛山有分布，本次调查未见。

保护现状 中国"三有物种"；IUCN（2019）无危（LC）。

啄木鸟目｜啄木鸟科

大斑啄木鸟-于晓平/摄

194 大斑啄木鸟
Great Spotted Woodpecker *Dendrocopos major*

鉴别特征 中等体型（24 cm）黑白相间的啄木鸟，体重60～70 g；头顶、上背和尾部黑色，脸白色，脸和颈部有一黑色"人"字纹；雄鸟枕部具狭窄红色带；两性臀部均为红色；具黑色纵纹的近白色胸部有别于赤胸啄木鸟和棕腹啄木鸟；虹膜近红，嘴、脚灰色。

生态习性 留鸟；栖息于整个温带林区；常单独或成对活动，繁殖后期则成松散家族群活动；主要以各种昆虫及其幼虫为食；繁殖期4～6月，树洞营巢，窝卵数3～8枚，雌雄轮流孵卵育雏，雏鸟晚成。

分类与分布 国内有8个亚种；其中华北亚种（*D. m. cabanisi*）分布于东北南部辽宁和华北；昆嵛山及附近城市林地偶见。

保护现状 中国"三有物种"；IUCN（2019）无危（LC）。

灰头绿啄木鸟（雄）-廖小青/摄

195 灰头绿啄木鸟 Grey-headed Woodpecker *Picus canus*

鉴别特征	中等偏大（27 cm）的绿色啄木鸟，体重120～160 g；头部灰色（雄鸟头顶红色），上背和尾黄绿色，腹部浅灰色；虹膜红褐，嘴浅黄色或沾灰色，脚灰色。
生态习性	留鸟；栖息于混交林或阔叶林；常单独或成对活动，很少成群；常在树干中下部取食昆虫；繁殖期4～6月，树洞营巢，窝卵数9～10枚，雌雄共同孵化育雏，雏鸟晚成。
分类与分布	国内有7个亚种；其中华东亚种（*P. c. guerini*）常见于华北和西北地区；昆嵛山及附近可见。
保护现状	中国"三有物种"；IUCN（2019）无危（LC）。

隼形目	隼科
FALCONIFORMES	Falconidae

红隼（左雄右雌）-王警/摄

红隼（雌）-于晓平/摄

196 红 隼 Common Kestrel *Falco tinnunculus*

鉴别特征 体小（33 cm）的赤褐色隼，体重170～220 g；雄鸟头顶及颈背灰色，上体赤褐略具黑色横斑，下体皮黄具黑色纵纹，尾蓝灰无横斑；雌鸟体型略大，上体全褐，比雄鸟少赤褐色而多粗横斑；虹膜褐色，嘴灰而端黑，蜡膜黄色，脚黄色。

生态习性 留鸟；栖息于森林苔原、低山丘陵、农田和村庄等各类生境，城市环境有增加的趋势；飞行迅速，可悬停；主要以蝗虫、蠡斯、蟋蟀等昆虫为食；繁殖期5～7月，岩缝或树上营巢，窝卵数4～5枚，雌鸟孵卵，双亲共同育雏，雏鸟晚成。

分类与分布 国内有2个亚种；其中普通亚种（*F. t. interstinctus*）见于各省；昆嵛山境内及邻近地区常见。

保护现状 国家Ⅱ级重点保护物种；IUCN（2019）无危（LC）。

红脚隼（上雄下雌）-于晓平/摄

197 红脚隼 Red-footed Falcon *Falco amurensis**

鉴别特征　体小（30 cm）的灰色隼，体重120～150 g（♂），190 g（♀）；雄鸟通体石板灰，飞行时翼下覆羽白色，臀部棕色；雌鸟上体暗灰，下体乳白，胸部具黑色纵纹，腹具黑色横斑；尾下具横斑；虹膜褐色，嘴灰色，蜡膜橙红，脚橙红。

生态习性　旅鸟；栖息于低山丘陵、平原地带疏林、林缘地区；通常单独活动，迁徙季节成小群或大群；振翅频率快，可滑翔和悬停；俯冲捕食，主要以鼠类、小鸟、蛙、蜥蜴等为食。

分类与分布　无亚种分化；除海南外见于各省；昆嵛山境内偶见。

保护现状　国家Ⅱ级重点保护物种；IUCN（2019）无危（LC）。

*过去所称的"红脚隼"（*Falco vespertinus*）已分为两个种，其一是我国广泛分布的红脚隼（*F. amurensis*），也叫阿穆尔隼；其二是仅在新疆分布的西红脚隼（*F. vespertinus*）。

灰背隼-薛琳/摄

198 灰背隼 Merlin *Falco columbarius*

鉴别特征 小型（30 cm）隼类，体重175～200 g（♂），190～235 g（♀）；雄鸟：无髭纹，眉纹白；头顶及上体蓝灰，略带黑色纵纹；雌鸟眉纹及喉白色，上体灰褐，下体偏白具棕色纵纹；虹膜褐色，嘴灰色，蜡膜黄色，脚黄色。

生态习性 旅鸟；喜沼泽地及开阔草地；在飞行中捕获猎物，以雀形目小鸟、蝙蝠、蜥蜴等为食。

分类与分布 国内有4个亚种；其中普通亚种（*F. c. insignis*）见于东北、华北、西南、华中及华东南各省；文献记录昆嵛山有分布，本次调查未见。

保护现状 国家Ⅱ级重点保护物种；IUCN（2019）无危（LC）。

燕隼-胡亚荣/摄

199 燕　隼　Eurasian Hobby *Falco subbuteo*

鉴别特征　小型（30 cm）黑白色隼，体重120～220 g（♂），160～290 g（♀）；上体暗蓝灰，颊、耳羽和髭纹黑色，具纤细白色眉纹；下体乳白具黑色纵纹，臀部棕色；虹膜褐色，嘴灰色，蜡膜黄色，脚黄色。

生态习性　夏候鸟；栖息于开阔地和有林地带；飞行中捕捉猎物，主要以麻雀、山雀等雀形目小鸟为食，偶尔捕捉蝙蝠；繁殖期5～7月，树上营巢，窝卵数2～4枚，雌雄轮流孵卵（雌鸟为主），双亲共同育雏，雏鸟晚成。

分类与分布　国内有2个亚种；其中指名亚种（*F. s. subbuteo*）分布于东北、华北、西北；昆嵛山境内夏季常见。

保护现状　国家Ⅱ级重点保护物种；IUCN（2019）无危（LC）。

猎隼-韦铭/摄

200 猎 隼 Saker Falcon *Falco cherrug**

鉴别特征 体大（50 cm）且胸部厚实的浅色隼，体重670~820 g（♂），850~1 100 g（♀）；雌雄羽色类似；前额、眼先、眉纹白色；头顶暗褐并具肉桂色纵纹，眼下具显著暗色纹；上体暗褐，满布棕黄色横斑；下体白色具暗褐色纵纹；虹膜褐色，嘴灰色，蜡膜浅黄，脚浅黄。

生态习性 旅鸟；栖息于山地、丘陵、河谷和山脚平原地区；多单独活动，在空中捕食猎物，主要以中小型鸟类和小型兽类为食。

分类与分布 国内有2个亚种；其中北方亚种（*F. c. milvipes*）见于东北、华北和西北；文献记录昆嵛山有分布，本次调查未见。

保护现状 国家Ⅰ级重点保护物种；IUCN（2019）濒危（EN）。

*注：新疆种群被归入指名亚种（*Falco c. cherrug*）。

游隼-于晓平/摄

201 游 隼 Peregrine Falcon *Falco peregrinus**

鉴别特征 体大（45 cm）而强壮的深色隼，体重650~680 g；雌雄类似但雌鸟体型稍大；上体蓝灰，头至后颈黑灰而具蓝色光泽，具宽而显著的黑色髭纹；下体白，胸具黑色纵纹，腹部、腿及尾下多具黑色横斑；虹膜黑色，嘴灰色，蜡膜黄色，脚黄色。

生态习性 旅鸟或冬候鸟；栖息于山地丘陵、荒漠、草原、河流、沼泽等多种生境；是世界上飞行最快的鸟类之一，能从高空螺旋俯冲捕获猎物，主要捕食野鸭、鸥类、鸽类和雉类等中小型鸟类。

分类与分布 国内有6个亚种；其中普通亚种（*F. p. calidus*）迁徙或越冬于中国东北、华北、华东、华中和华南地区；东方亚种（*F. p. japonensis*）见于山东至东南沿海；昆嵛山境内偶见，附近岛屿（大黑山岛）有少量个体繁殖。

保护现状 国家Ⅱ级重点保护物种；IUCN（2019）无危（LC）。

*注：普通亚种在昆嵛山为旅鸟；文献记录昆嵛山还分布南方亚种（*F. p. peregrinator*）。

游隼-廖小青/摄

雀形目 PASSERIFORMES　　黄鹂科 Oriolidae

黑枕黄鹂（左 成体，右 当年幼鸟）-廖小青/摄

202 黑枕黄鹂 Black-napped Oriole *Oriolus chinensis*

鉴别特征　中等体型（26 cm）的黄色及黑色鹂，体重80～100 g；通体金黄色；冠眼纹、枕部、两翼及中央尾羽黑色；雌鸟色较暗淡，背橄榄黄色；亚成鸟背部橄榄色，下体近白而具黑色纵纹；与细嘴黄鹂区别在于其嘴粗壮且背部黑带较宽；虹膜红色，嘴粉红色，脚近黑。

生态习性　夏候鸟；栖息于次生阔叶林、混交林，尤其喜欢天然栎树林和杨木林；性隐蔽，常隐身于树冠部鸣唱；主要以昆虫为食；繁殖期5～7月，树冠水平树枝营巢，窝卵数3～5枚，雌鸟孵卵，双亲共同育雏，雏鸟晚成。

分类与分布　国内仅有普通亚种（*O. c. diffusus*）见于除新疆、青海和西藏外各省；昆嵛山林区可见。

保护现状　国家Ⅱ级重点保护物种；IUCN（2019）无危（LC）。

雀形目
PASSERIFORMES

山椒鸟科
Campephagidae

暗灰鹃鵙（雄）-周勇/摄
暗灰鹃鵙-廖小青/摄

203 暗灰鹃鵙 Black-winged Cuckoo-shrike *Lalage melaschistos*

鉴别特征 中等体型（23 cm）的灰色及黑色鹃鵙，体重30～50 g；雄鸟青灰色，两翼亮黑，尾下覆羽白色，尾羽黑色；雌鸟似雄鸟但色浅，下体及耳羽具白色横斑，白色眼圈不完整；虹膜红褐，嘴、脚黑色。

生态习性 夏候鸟；栖息于海拔可达2 000 m以栎树为主的落叶混交林、针竹混交林以及灌木丛；冬季从山区森林下移；以昆虫及幼虫为食；繁殖期5～7月，窝卵数2～5枚。

分类与分布 国内有4个亚种；其中普通亚种（*L. m. intermedia*）繁殖于华北、华中；冬季南迁；文献记录昆嵛山有分布，本次调查未见。

保护现状 中国"三有物种"；IUCN（2019）无危（LC）。

灰山椒鸟-卢宪/摄

204 灰山椒鸟 Ashy Minivet *Pericrocotus divaricatus*

鉴别特征 体型略小（20 cm）的山椒鸟，体重22~28 g；雄鸟顶冠、过眼纹及飞羽黑色，上体余部灰色，下体白；雌鸟色浅而多灰色；与小灰山椒鸟区别在于其眼先黑色；与鹃鵙区别在于其下体白色，腰灰；虹膜褐色，嘴及脚黑色。

生态习性 旅鸟；繁殖期栖息于针阔混交林和落叶阔叶林，非繁殖期出现在林缘次生林、河谷及村落疏林；常成群在树冠上空盘旋；以昆虫及其幼虫为食。

分类与分布 国内仅有指名亚种（*P. d. divaricatus*）繁殖于中国东北；经华北迁往南方越冬；昆嵛山地区偶见。

保护现状 中国"三有物种"；IUCN（2019）无危（LC）。

长尾山椒鸟(雄)-于晓平/摄

205 长尾山椒鸟 Long-tailed Minivet *Pericrocotus ethologus*

鉴别特征 体大(20 cm)的黑、红色山椒鸟,体重15~25 g;雄鸟头顶、上背黑色并具金属光泽,下背、尾上覆羽、下体赤红色;雌鸟头、颈、背部暗褐灰色,腰部和下体亮黄色;虹膜褐色,嘴及脚黑色。

生态习性 夏候鸟;栖息于海拔1 000~2 000 m的常绿阔叶林、落叶阔叶林、针阔叶混交林和针叶林,尤其喜欢疏林草坡,冬季也常到山麓平原地带;主要以昆虫为食;繁殖期5~7月,窝卵数2~4枚。

分类与分布 国内有3个亚种;其中指名亚种(*P. e. ethologus*)繁殖于华北、西北、华中和西南;文献记录昆嵛山有分布,本次调查未见。

保护现状 中国"三有物种";IUCN(2019)无危(LC)。

长尾山椒鸟(雌)-廖小青/摄

雀形目 PASSERIFORMES   卷尾科 Dicruridae

黑卷尾·廖小青/摄

206 黑卷尾 Black Drongo *Dicrurus macrocercus*

鉴别特征 中等体型（30 cm）蓝黑色而具辉光的卷尾，体重40～50 g；嘴小，尾长而叉深；通体黑色具蓝绿色光泽；亚成鸟下体下部具近白色横纹；虹膜红色，嘴及脚黑色。

生态习性 夏候鸟；栖息于城郊、村庄附近，喜停歇于小树或电线；以膜翅目、鞘翅目及鳞翅目等昆虫为食；繁殖期5～7月，树冠层营巢，窝卵数3～4枚，同步孵化，雌雄轮流，雏鸟晚成。

分类与分布 中国有3个亚种；其中普通亚种（*D. m. cathoecus*）除新疆、青海、台湾外广布于各省区；昆嵛山境内夏季可见。

保护现状 中国"三有物种"；IUCN（2019）无危（LC）。

发冠卷尾（左当年幼鸟 右成体）-廖小青/摄

207 发冠卷尾 Hair-crested Drongo *Dicrurus hottentottus*

鉴别特征　体型略大（32 cm）的黑天鹅绒色卷尾，体重75~90 g；通体绒黑色且具蓝绿色金属光泽；头具发丝状细长羽冠；尾长而分叉，外侧羽端钝而上翘，形似竖琴；虹膜红或白色，嘴及脚黑色。

生态习性　夏候鸟；栖息于常绿阔叶林、次生林或人工松林；空中飞行捕食各种昆虫；繁殖期5~7月，树冠营巢，窝卵数3~4枚，同步孵化，雌雄轮流，雏鸟晚成。

分类与分布　国内有2个亚种；其中普通亚种（*D. h. brevirostris*）繁殖于东北、华北、华中、华东及台湾；昆嵛山夏季偶见。

保护现状　中国"三有物种"；IUCN（2019）无危（LC）。

雀形目 PASSERIFORMES   伯劳科 Laniidae

虎纹伯劳（左雌右雄）-田宁朝/摄

208 虎纹伯劳 Tiger Shrike *Lanius tigrinus*

鉴别特征　中等体型（19 cm）背部棕色的伯劳，体重25～35 g；较红尾伯劳明显嘴厚、尾短而眼大；顶冠及颈背灰色；背、两翼及尾浓栗色而多具波状细横斑；过眼纹宽且黑；下体白，两胁具褐色横斑；雌雄类似但雌鸟色苍淡；虹膜褐色，嘴蓝而端黑，脚灰色。

生态习性　夏候鸟；栖息于平原到山地、河谷林缘及疏林地带；主要以昆虫为食，也捕食啮齿类和小型鸟类；繁殖期5～7月，矮树灌丛营巢，窝卵数3～6枚，同步孵化，雌鸟孵卵，共同育雏，雏鸟晚成。

分类与分布　无亚种分化；除西藏、新疆、青海外见于各省；昆嵛山林区夏季可见。

保护现状　中国"三有物种"；IUCN（2019）无危（LC）。

虎纹伯劳(雌) -廖小青/摄

虎纹伯劳(当年幼鸟) -廖小青/摄

牛头伯劳（雄）-张英军/摄　　牛头伯劳（雌）-田宁朝/摄

209 牛头伯劳 Bull-headed Shrike *Lanius bucephalus*

鉴别特征　中等体型（19 cm）的褐色伯劳，体重31～42 g；额、头顶及后颈栗红色，背灰褐沾棕，尾端白色；下体白色具虫蠹状细横斑；飞行时初级飞羽基部白色块斑明显；雌雄羽色类似但雌鸟色浅，与雌红尾伯劳区别在于其具棕褐色耳羽；虹膜深褐，嘴灰而端黑，脚铅灰。

生态习性　夏候鸟（或留鸟）；栖息于山地稀疏阔叶林或针阔混交林，迁徙时平原可见；喜停歇电线、小树尖；以鞘翅目、鳞翅目和膜翅目昆虫为食；繁殖期5～7月，矮树灌丛营巢，窝卵数3～6枚，同步孵化，雌鸟孵卵，双亲育雏，雏鸟晚成。

分类与分布　中国有2个亚种；其中指名亚种（*L. b. bucephalus*）繁殖于中国东北、河北及山东；冬季至华南、华东；昆嵛山低海拔农田果园区常见。

保护现状　中国"三有物种"；IUCN（2019）无危（LC）。

红尾伯劳-于晓平/摄

红尾伯劳(亚成体)-田宁朝/摄

210 红尾伯劳 Brown Shrike *Lanius cristatus**

鉴别特征 中等体型(20 cm)的淡褐色伯劳,体重28~38 g;成鸟:前额灰,喉白,眉纹白,宽眼罩黑色;头顶及上体褐色,下体皮黄;亚成鸟:似成鸟但背及体侧具深褐色细小鳞状斑纹;黑色眉纹使其别于虎纹伯劳亚成鸟;虹膜褐色,嘴黑色,脚灰黑。

生态习性 旅鸟;栖息于低山丘陵和山脚平原灌丛、疏林和林缘地带;以各类昆虫为食,偶尔捕捉蜥蜴。

分类与分布* 中国有4个亚种;其中指名亚种(*L. c. cristatus*)迁徙经中国东北、华北至南方越冬;东北亚种(*L. c. confuses*)繁殖于中国东北,迁徙经中国东部;普通亚种(*L. s. lucionensis*)繁殖于东北中南部、华北、华中和华东;日本亚种(*L. s. supercilliosus*)迁徙途经华北迁至云南、华南及海南岛;昆嵛山低山、农田果园区可见。

保护现状 中国"三有物种";IUCN(2019)无危(LC)。

*注:以上4个亚种均有可能出现在昆嵛山地区,夏季东北亚种和普通亚种可能出现,迁徙季节可能出现指名亚种和日本亚种,野外不易分辨。

棕背伯劳（中 成体 左右 当年幼鸟）·于晓平/摄

211 棕背伯劳 Long-tailed Shrike *Lanius schach*

鉴别特征 体型略大（25 cm）的棕、黑及白色伯劳，体重55～105 g；头大、额、头顶至后颈黑色或灰色，具黑色贯眼纹，背棕红色，两翅黑色具白色翼斑；颏、喉白色，其余下体棕白色；尾长且黑色，外侧尾羽皮黄褐色；雌雄类似；虹膜褐色，嘴及脚黑色。

生态习性 夏候鸟；栖息于低山丘陵和山脚平原地区，有时也到园林、农田、村宅河流附近活动；性凶猛，捕食昆虫、蛙、啮齿类和小鸟；繁殖期4～7月，树上或灌木营巢，窝卵数3～6枚，雌雄共同孵卵育雏，雏鸟晚成。

分类与分布 国内有5个亚种；其中指名亚种（*L. s. schach*）分布于华北、西北和长江以南地区；昆嵛山及附近夏季常见。

保护现状 中国"三有物种"；IUCN（2019）无危（LC）。

灰背伯劳-廖小青/摄

灰背伯劳-于晓平/摄

212 灰背伯劳 Grey-backed Shrike *Lanius tephronotus*

鉴别特征 体型略大（25 cm）而尾长的伯劳，体重40～50 g；似棕背伯劳但区别在于其上体深灰色，仅腰及尾上覆羽具狭窄棕色带；初级飞羽白色斑块小或无；虹膜褐色，嘴及脚绿色。

生态习性 夏候鸟；栖息于平原至高山稀疏林、农田及农舍附近；喜停歇于树梢干枝或电线；主要以昆虫为食，也吃鼠类和小鱼；繁殖期5～7月，窝卵数4～5枚。

分类与分布 国内仅有指名亚种（*L. t. tephronotus*）见于甘肃、宁夏、陕西、青海、西藏、云南东南部和贵州等地；本次调查在烟台沁水河湿地公园记录到繁殖个体。

保护现状 中国"三有物种"；IUCN（2019）无危（LC）。

灰伯劳-贺振平/摄

213 灰伯劳 Great Grey Shrike *Lanius excubitor*

鉴别特征 体型略大（24 cm）的灰、黑和白色伯劳，体重40～50 g；雄鸟头、颈、背及腰灰色，具粗大黑色过眼纹，两翼黑色具白色横纹，尾黑而边缘白，下体近白；雌鸟似雄鸟但色较暗淡；虹膜褐色，嘴黑色，脚偏黑。

生态习性 旅鸟；栖息于开阔有林地、农田、果园；喜停歇于树梢干枝或电线；以啮齿类、小型鸟类和蜥蜴为主食。

分类与分布 国内有5个亚种；其中北方亚种（*L. e. sibiricus*）迁徙途经东北、华北；东北亚种（*L. e. mollis*）迁徙或越冬于东北南部、河北北部；上述两个亚种均有可能出现在昆嵛山及附近；文献记录昆嵛山有分布，本次调查未见。

保护现状 中国"三有物种"；IUCN（2019）无危（LC）。

楔尾伯劳-于晓平/摄

214 楔尾伯劳 Chinese Gray Shrike *Lanius sphenocercus*

鉴别特征 体型甚大（31 cm）的灰色伯劳，体重80～90 g；眼罩黑色，眉纹白，两翼黑色并具粗白色横纹；三枚中央尾羽黑色，羽端具狭窄白色，外侧尾羽白；体型大于灰伯劳；虹膜褐色，嘴灰色，脚黑色。

生态习性 冬候鸟（或旅鸟）；栖息于平原到山地、河谷林缘及疏林地带，尤喜草地和半荒漠稀疏林；喜停歇于树枝顶端；除昆虫外常捕食小型啮齿类、蜥蜴和鸟类。

分类与分布 国内有2个亚种；其中指名亚种（*L. s. sphenocercus*）繁殖于东北、内蒙古；越冬于华北、西北及其以南地区；昆嵛山常见。

保护现状 中国"三有物种"；IUCN（2019）无危（LC）。

雀形目 PASSERIFORMES　　鸦科 Corvidae

灰喜鹊-廖小青/摄　　灰喜鹊-时良/摄

215 灰喜鹊　Azure-winged Magpie　*Cyanopica cyanus*

鉴别特征　体型略小（35 cm）而细长的灰色喜鹊，体重60～130 g；顶冠、耳羽及后枕黑色，背灰，两翼天蓝色，凸状蓝色尾甚长，端白；虹膜褐色，嘴和脚黑色。

生态习性　留鸟；主要栖息于次生林和人工林，尤喜城市公园绿地；喜在地面、树干觅食半翅目、鞘翅目昆虫及幼虫，兼食植物果实及种子，偶尔捕食小型鸟类（如麻雀）；繁殖期5～7月，矮树营巢，窝卵数4～9枚，雌鸟孵卵，雌雄共同育雏，雏鸟晚成。

分类与分布　国内有6个亚种；其中华北亚种（*C. c. interposita*）留鸟于华北、西北、内蒙古中东部；昆嵛山境内常见。

保护现状　中国"三有物种"；IUCN（2019）无危（LC）。

红嘴蓝鹊-曹强/摄

216 红嘴蓝鹊
Red-billed Blue Magpie *Urocissa erythrorhyncha*

鉴别特征　体长（68 cm）且具长尾的靓丽蓝鹊，体重约150 g；头黑而顶冠白；与黄嘴蓝鹊区别在于其嘴猩红，脚红色；腹部及臀白色，尾楔形，外侧尾羽黑而端白；虹膜红色，嘴和脚红色。

生态习性　留鸟；栖息于常绿阔叶林、针阔叶混交林和针叶林带；性喧闹而凶猛，结小群活动；主要以昆虫、果实等为食，偶尔捕食小鸟；繁殖期5～7月，高大乔木营巢，窝卵数3～6枚，雌雄共同孵化育雏，雏鸟晚成。

分类与分布　国内有3个亚种；其中华北亚种（*U. e. brevivexilla*）常见于东北南部辽宁、华北至西北部分地区；昆嵛山境内偶见。

保护现状　中国"三有物种"；IUCN（2019）无危（LC）。

喜鹊-廖小青/摄

喜鹊-时良/摄

217 喜 鹊 Common Magpie *Pica pica*

鉴别特征 体略小（45 cm）而尾长的鸦科鸟类，体重175～240 g；通体除胸、腹、肩部白色外，余部黑色闪蓝色光泽；虹膜褐色，嘴和脚黑色。

生态习性 留鸟；栖息地多样，常出没于人类活动区；吵闹而凶猛；杂食性且具季节变化；繁殖期3～6月，营巢于高大乔木或电杆，窝卵数4～8枚，同步孵化，雌鸟孵卵，双亲育雏，雏鸟晚成。

分类与分布 国内有4个亚种；其中普通亚种（*P. p. sericea*）常见于除西藏、新疆外省份；昆嵛山境内极常见。

保护现状 中国"三有物种"；IUCN（2019）无危（LC）。

红嘴山鸦-于晓平/摄

218 红嘴山鸦 Red-billed Chough *Pyrrhocorax pyrrhocorax*

鉴 别 特 征　中小型（45 cm）漂亮的黑色鸦类，体重220～480 g；雌雄同型；通体黑色闪蓝色金属光泽，嘴细长而下曲；幼鸟两翅和尾闪烁金属光泽，全身余部纯黑褐色而无辉亮光泽；虹膜偏红，嘴、脚红色。

生 态 习 性　留鸟；栖息于开阔低山丘陵和山地，最高海拔可达4 500 m；喜群居，有时和寒鸦混群；主要以昆虫等为食，也吃植物果实、种子、嫩芽等；繁殖期4～7月，窝卵数3～6枚，双亲育雏，雏鸟晚成。

分类与分布　国内有3个亚种；其中北方亚种（*P. p. brachypus*）留鸟于东北南部、内蒙古、华北、西北各省；文献记录昆嵛山有分布，本次调查未见。

保 护 现 状　中国"三有物种"；IUCN（2019）无危（LC）。

雀形目｜鸦科

达乌里寒鸦-于晓平/摄

219 达乌里寒鸦 Daurian Jackdaw *Corvus dauuricus*

鉴别特征 体型略小（32 cm）的鹊色鸦，体重190～280 g；白色斑纹延至胸下；与白颈鸦区别于其体型较小且嘴细，胸部白色部分较大；幼鸟色彩反差小，与寒鸦成体区别在于其眼深色，与寒鸦幼体区别在于其耳羽具银色细纹；虹膜深褐，嘴和脚黑色。

生态习性 留鸟；主要栖息于山地、丘陵、平原等各类生境，尤以河边悬崖和河岸森林地带常见；冬季可成大群；杂食性；繁殖期4～6月，岩洞、树洞、屋檐营巢，窝卵数4～8枚。

分类与分布 无亚种分化；除海南外广泛分布各省；文献记录昆嵛山有分布，本次调查未见。

保护现状 中国"三有物种"；IUCN（2019）无危（LC）。

秃鼻乌鸦·廖小青/摄

220 秃鼻乌鸦 Rook *Corvus frugilegus*

鉴别特征 体型略大（47 cm）的黑色鸦，体重175～230 g；以嘴基裸露皮肤浅灰白色为特征；易与小嘴乌鸦相混淆，区别为头顶更显拱圆形，嘴圆锥形且尖，腿部松散垂羽更显松散；飞行时尾端楔形，两翼较长窄，翼尖"手指"显著，头显突出；虹膜深褐，嘴和脚黑色。

生态习性 留鸟；栖息于平原丘陵低山耕作区，喜在人类居住区成大群活动；杂食性，以垃圾、腐尸、昆虫等为食；繁殖期3～7月，树上营巢，窝卵数3～9枚，雌鸟孵卵，双亲育雏。

分类与分布 国内有2个亚种；其中普通亚种（*C. f. pastinator*）广布于除西藏外几乎所有省份；昆嵛山境内偶见。

保护现状 中国"三有物种"；IUCN（2019）无危（LC）。

小嘴乌鸦-于晓平/摄

221 小嘴乌鸦 Carrion Crow *Corvus corone*

鉴别特征　体大（50 cm）的黑色鸦，体重550~600 g；与秃鼻乌鸦区别在于其嘴基部被黑色羽，与大嘴乌鸦区别在于其额弓较低，嘴虽强劲但形显细；虹膜褐色，嘴和脚黑色。

生态习性　留鸟；主要栖息于阔叶林、针叶林、次生杂木林、人工林等各种森林；杂食性，以腐尸、垃圾等为食，亦取食植物种子和果实；繁殖期4~7月，树上营巢，窝卵数4~7枚，雌鸟孵化。

分类与分布　国内仅有普通亚种（*C. c. orientalis*）分布于除了西藏之外几乎所有省份；昆嵛山境内常见。

保护现状　中国"三有物种"；IUCN（2019）无危（LC）。

白颈鸦-廖小青/摄

222 白颈鸦 Collared Crow *Corvus pectoralis*

鉴别特征 体大（54 cm）的亮黑及白色鸦，体重500~650 g；嘴粗厚，颈背及胸带强反差的白色使其有别于同地区其他鸦类；与达乌里寒鸦略似，但寒鸦体甚小且下体甚多白色；虹膜深褐色，嘴和脚黑色。

生态习性 留鸟；栖息于开阔平原、丘陵；单独、成对或成小群活动；杂食性；繁殖期3~6月，树洞或树上营巢，窝卵数2~6枚。

分类与分布 无亚种分化；国内广布于除东北、新疆、西藏之外几乎所有省份；昆嵛山境内偶见。

保护现状 中国"三有物种"；IUCN（2019）无危（LC）。

白颈鸦-李夏/摄

大嘴乌鸦·廖小青/摄

223 大嘴乌鸦 Large-billed Crow *Corvus macrorhynchos*

鉴别特征 体大（50 cm）的闪光黑色鸦，体重550～680 g；嘴甚粗厚；体型小于渡鸦而尾较平；与小嘴乌鸦区别在于其嘴粗厚而尾圆，额部更显拱圆形；虹膜褐色，嘴和脚黑色。

生态习性 留鸟；适宜各类生境，喜结群活动于城市、郊区；食性杂，主要以昆虫及其幼虫为食，也吃雏鸟、鸟卵、鼠类、动物尸体以及植物种子和果实等；繁殖期3～6月，树上营巢，窝卵数3～5枚，雌雄轮流孵化育雏，雏鸟晚成。

分类与分布 国内有5个亚种；其中普通亚种（*C. m. colonorum*）广布于除东北、西藏之外所有省份；昆嵛山境内常见。

保护现状 中国"三有物种"；IUCN（2019）无危（LC）。

雀形目 PASSERIFORMES　　山雀科 Paridae

煤山雀-于晓平/摄

224 煤山雀　Coal Tit　*Periparus ater*

鉴别特征　小型（11 cm）山雀，体重9～10 g；具黑色羽冠；头顶、颈侧、喉及上胸黑色，胸部中央无黑色纵纹，区别于大山雀、绿背山雀；背灰色或橄榄灰色；翼上具两道白色翼斑，颈背部具大块白斑；虹膜褐色，嘴黑而边缘灰色，脚青灰色。

生态习性　留鸟；栖息于海拔3 000 m以下混交林和针叶林带；以昆虫为食，兼食植物性食物；繁殖期3～5月，树洞巢居多，窝卵数8～10枚，雌鸟孵卵，双亲育雏，雏鸟晚成。

分类与分布　国内多达7个亚种；其中北京亚种（*P. a. pekinensis*）分布于辽宁南部、河北、北京、天津和山东东部；昆嵛山及附近地区（蓬莱）可见。

保护现状　中国"三有物种"；IUCN（2019）无危（LC）。

黄腹山雀（雄）-张英军/摄

225 黄腹山雀 Yellow-bellied Tit *Pardaliparus venustulus*

鉴别特征 体型（10 cm）最小且尾短的山雀之一，体重8～10 g；雄鸟头喉部黑色，颊斑及颈后点斑白色，背灰蓝具点斑，下体黄色，腰银白，两道翼斑白色；雌鸟头灰色，喉白，背灰色；虹膜褐色，嘴黑色，脚蓝灰。

生态习性 留鸟；栖息于海拔2 000 m以下混交林、阔叶林；冬季成小群活动，性活跃而喧闹；以昆虫为食，兼食植物种子、果实；繁殖期4～6月，树洞营巢，窝卵数5～7枚，雏鸟晚成。

分类与分布 无亚种分化，中国鸟类特有种；广布于东北、华北、西北以南、以东大部分省份；昆嵛山境内常见。

保护现状 中国"三有物种"；IUCN（2019）无危（LC）。

黄腹山雀（雌）-于晓平/摄

沼泽山雀-于晓平/摄

沼泽山雀-张英军/摄

226 沼泽山雀 Marsh Tit *Poecile palustris*

鉴别特征 体型（12 cm）略小的山雀，体重11～12 g；头顶及颏部黑色；上体褐色或橄榄色；下体近白；两胁皮黄；无翼斑或项纹；虹膜褐色，嘴偏黑，脚深灰。

生态习性 留鸟；通常栖息于针叶林、阔叶林或针阔混交林；常与其他山雀混群，性活跃；以各种昆虫为食，兼食少量植物种子；繁殖期3～5月，树洞营巢，窝卵数4～6枚，雌鸟孵卵，双亲育雏，雏鸟晚成。

分类与分布 分化为4个亚种；其中华北亚种（*P. p. hellmayri*）分布于京津冀、山东、河南等省；昆嵛山境内常见。

保护现状 中国"三有物种"；IUCN（2019）无危（LC）。

大山雀-于晓平/摄

227 大山雀 Cinereous Tit *Parus cinereus**

鉴别特征 体型较大（14 cm）的黑、灰、白色山雀，体重12～16 g；头黑色且两侧各具一大型白斑；上体蓝灰色，背沾绿色；下体白，胸、腹有一条宽阔中央纵纹与颏、喉黑色相连；虹膜褐色，嘴黑褐，脚暗褐。

生态习性 留鸟；栖息于低山和山麓地带次生阔叶林、针阔混交林；性活跃喧闹；以昆虫为食，兼食草籽等植物性食物；繁殖期4～8月，树洞、墙缝或崖缝营巢，窝卵数6～9枚，雌鸟孵化，双亲育雏，雏鸟晚成。

分类与分布 国内有5个亚种；其中华北亚种（*P. c. minor*）分布于东北、华北（包括山东）、西北、华中及华东部分省份；昆嵛山境内较常见。

保护现状 中国"三有物种"；IUCN（2019）无危（LC）。

*注：由原来的*Parus major*（大山雀）的亚种提升为种。

雀形目 PASSERIFORMES 攀雀科 Remizidae

中华攀雀（营巢）-张英军/摄

228 中华攀雀 Chinese Penduline Tit *Remiz consobrinus*

鉴别特征 体型较小（11 cm）的攀雀，体重8~11 g；雄鸟顶冠灰，脸罩黑，背棕色；雌鸟似雄鸟但羽色稍暗；虹膜深褐，嘴灰黑，脚蓝灰。

生态习性 夏候鸟；栖息于针叶林或混交林，也活动于低山开阔村庄，冬季见于平原地区；主要以昆虫为食，兼食植物的叶、花等；4月上旬至6月中旬产卵，窝卵数4枚。

分类与分布 无亚种分化；繁殖于东北、华北北部；迁徙途经中国中部和东部地区至南方越冬；昆嵛山夏季农田果园区常见。

保护现状 中国"三有物种"；IUCN（2019）无危（LC）。

中华攀雀（雌）-廖小青/摄

中华攀雀（雄）-于晓平/摄

雀形目 PASSERIFORMES　　百灵科 Alaudidae

大短趾百灵·韦铭/摄

229 大短趾百灵
Greater Short-toed Lark *Calandrella brachydactyla*

鉴别特征　中等体型（14 cm）的沙色百灵，体重约20 g；上体沙褐具黑色纵纹，下体皮黄；冠羽较短；前胸两侧各有一条黑色斑纹，腹污白色；与短趾百灵区别为颈侧具模糊黑色块斑，嘴较大，喉部细纹较少，眉线较宽，虹膜褐色，嘴角质色，脚肉色。

生态习性　旅鸟；栖息于干燥草原、牧场、河堤、荒地和飞机场等空旷地区，常于地面行走或振翼作柔弱波状飞行；主要以草籽、嫩芽等为食，也捕食昆虫等。

分类与分布　国内有3个亚种；其中普通亚种（*C. b. dukhunensis*）迁徙时见于华北、西北、西南；文献记录昆嵛山有分布，本次调查未见。

保护现状　中国"三有物种"；IUCN（2019）无危（LC）。

短趾百灵-韦铭/摄

230 短趾百灵 Asian Short-toed Lark *Alaudala cheleensis*

鉴别特征 小型（13 cm）而具褐色杂斑的百灵，体重20～24 g；无羽冠，似大短趾百灵但体型较小且颈无黑色斑块，嘴较粗短，胸部纵纹散布较开；站势甚直，上体满布纵纹且尾具白色宽边而有别于其他小型百灵；虹膜深褐，嘴角质灰色，脚肉棕色。

生态习性 夏候鸟；栖息于干旱平原、草地及河滩；性活跃，喜垂直上下飞行、鸣叫；主要以草籽、嫩芽为食，也捕食昆虫等；5～7月繁殖，地面巢简陋，窝卵数3～4枚，双亲育雏，雏鸟晚成。

分类与分布 国内有6个亚种；其中指名亚种（*A. c. cheleensis*）分布于东北、华北、西北、华中、华东南；文献记录昆嵛山有分布，本次调查未见。

保护现状 中国"三有物种"；IUCN（2019）无危（LC）。

凤头百灵-廖小青/摄

231 凤头百灵 Crested Lark *Galerida cristata*

鉴别特征　体型略大（18 cm）具褐色纵纹的百灵，体重39～43 g；冠羽长而窄；上体沙褐而具近黑色纵纹；下体浅皮黄，胸密布近黑色纵纹；飞行时两翼宽，翼下锈色；虹膜深褐，嘴黄粉色且端部色深，脚偏粉色。

生态习性　留鸟；栖息于植被稀疏的半荒漠地区、草原和农田；非繁殖期集小群活动，常于地面行走或振翼作柔弱波状飞行；夏季捕食昆虫，冬季植食性；繁殖期5～7月，地面巢简陋，窝卵数3～5枚，同步孵化，雌鸟孵卵，雏鸟晚成。

分类与分布　国内有2个亚种；其中东北亚种（*G. c. leautungensis*）主要见于东北、华北和西北；昆嵛山境内较常见。

保护现状　中国"三有物种"；IUCN（2019）无危（LC）。

云雀-于晓平/摄

232 云 雀 Eurasian Skylark *Alauda arvensis*

鉴别特征 中等体型（18 cm）而具灰褐杂斑的百灵，体重36～37 g；耸起的羽冠具细纹，尾分叉，羽缘白色，后翼缘白色于飞行时可见；与鹨类区别在于其尾及腿均较短，具羽冠且立姿不如其直；似小云雀但体型稍大；虹膜深褐色，嘴角质色，脚肉色。

生态习性 旅鸟；栖息于草地、干旱平原、农田；鸣声活泼悦耳，可从地面骤然升空或急速俯冲直下，善飞善鸣；以草籽、种子和昆虫为食。

分类与分布 国内有6个亚种；其中东北亚种（*A. a. intermedia*）繁殖于东北、内蒙古、宁夏；迁徙途经华北、西北、华中至华东南越冬；昆嵛山境内偶见。

保护现状 国家Ⅱ级重点保护物种；IUCN（2019）无危（LC）。

小云雀-于晓平/摄

233 小云雀　Oriental Skylark　*Alauda gulgula*

鉴别特征　体小（16 cm）而褐色斑驳似鹨的百灵，体重25～35 g；具耸起的短羽冠，上有细纹；全身羽毛黄褐色，上体、双翼和尾羽具纵纹且尾羽具白色羽缘；虹膜暗褐色或褐色，嘴褐色且下嘴基部淡黄色，脚肉黄色。

生态习性　留鸟；主要栖息于开阔平原、草地、农田等；善奔跑，地栖性；起降、飞行姿势似云雀；除繁殖期成对活动外，其他时候多成群；主要以植物性食物为食，也吃昆虫等；繁殖期4～7月，地面巢简陋，窝卵数3～5枚。

分类与分布　国内多达7个亚种；其中长江亚种（*A. g. weigoldi*）见于华北部分地区（山东）、西北（陕西）、华中、华东；文献记录昆嵛山有分布，本次调查未见。

保护现状　中国"三有物种"；IUCN（2019）无危（LC）。

雀形目 PASSERIFORMES   扇尾莺科 Cisticolidae

棕扇尾莺-张英军/摄

234 棕扇尾莺 Zitting Cisticola *Cisticola juncidis*

鉴别特征 体小（10 cm）而具褐色纵纹的莺类，体重8~10 g；腰黄褐色，尾端白色清晰；与非繁殖期金头扇尾莺区别在于其白色眉纹较颈侧及颈背明显浅；虹膜褐色，嘴褐色，脚粉红至近红色。

生态习性 夏候鸟，栖息于海拔1 200 m以下开阔草地；喜在空中大幅度波浪盘旋并发出连续单音节重复鸣叫；以昆虫及草籽为食；繁殖期4~7月，草丛营巢，窝卵数4~5枚，双亲孵化育雏，雏鸟晚成。

分类与分布 国内仅有普通亚种（*C. j. tinnabulans*）繁殖于中国华中及华东；越冬至华南及东南；昆嵛山境内河谷草地偶见。

保护现状 中国"三有物种"；IUCN（2019）无危（LC）。

棕扇尾莺-于晓平/摄

纯色山鹪莺-于晓平/摄

235 纯色山鹪莺 Plain Prinia *Prinia inornata*

鉴别特征　体型略大（15 cm）而尾长的偏棕色鹪莺，体重10～15 g；眉纹色浅，上体暗灰褐，下体淡皮黄色至偏红，背色较浅且较褐山鹪莺色单纯；虹膜浅褐，嘴近黑，脚粉红。

生态习性　迷鸟；栖息于1 500 m以下高草丛、芦苇地、沼泽、玉米地及稻田；傲气而活泼，结小群活动，常于树上、草茎间或在飞行时鸣叫；主要以各种昆虫为食。

分类与分布　中国有2个亚种；其中华南亚种（*P. i. extensicauda*）留鸟于华中、西南、华南、东南及海南岛；文献记录烟台夹河有分布，本次调查未见。

保护现状　中国"三有物种"；IUCN（2019）无危（LC）。

雀形目 PASSERIFORMES

苇莺科 Acrocephalidae

东方大苇莺-廖小青/摄

236 东方大苇莺 Oriental Reed Warbler *Acrocephalus orientalis*

鉴别特征 体型偏大（19 cm）的褐色苇莺，体重24～30 g；皮黄色眉纹显著；上体橄榄褐色；下体乳黄色；虹膜褐色，上嘴黑褐，下嘴肉红而尖端褐色，脚灰色。

生态习性 夏候鸟；隐匿于芦苇地、稻田、沼泽等近水湿地；繁殖期喜隐身苇丛大声连续鸣叫；繁殖期5～7月，营杯状巢于苇茎之间，窝卵数4～6枚，同步孵化，雌鸟孵化，雏鸟晚成。

分类与分布 无亚种分化；广布于除西藏外各省；昆嵛山及附近河谷湿地夏季常见。

保护现状 中国"三有物种"；IUCN（2019）无危（LC）。

东方大苇莺-于晓平/摄

黑眉苇莺-于晓平/摄

237 黑眉苇莺
Black-browed Reed Warbler *Acrocephalus bistrigiceps*

鉴别特征 中等偏小（13 cm）的苇莺，体重8~10 g；眼纹皮黄白色而具黑褐色上缘；上体橄榄棕褐；下体白色，两胁暗棕色；虹膜暗褐，嘴黑褐色且下嘴基淡褐色，脚暗褐色。

生态习性 夏候鸟；栖息于近水芦苇丛和高草丛；繁殖期常站在开阔草地灌木或蒿草梢上鸣叫，鸣声嘈杂短粗；繁殖期5~7月，苇丛或草丛营巢，窝卵数4~5枚，同步孵化，雌鸟孵卵，雏鸟晚成。

分类与分布 无亚种分化；繁殖于东北、华北；冬季至南方越冬；昆嵛山境内偶见。

保护现状 中国"三有物种"；IUCN（2019）无危（LC）。

细纹苇莺-郑秋旸/手绘

238 细纹苇莺
Streaked Reed Warbler *Acrocephalus sorghophilus*

鉴别特征　中等体型（13 cm）的苇莺，体重8～10 g；上体赭褐，顶冠及上背具模糊纵纹；脸颊近黄，眉纹皮黄而上具黑色宽纹；下体皮黄，喉偏白；比黑眉苇莺上体色淡且纵纹较多，嘴显粗而长；虹膜褐色，上嘴黑、下嘴偏黄，脚粉红。

生态习性　夏候鸟；栖息于近水灌丛、苇丛；主要以昆虫为食；5月开始繁殖，窝卵数5枚。

分类与分布　无亚种分化，中国东部特有种；繁殖于中国东北；迁徙时经过河北、河南南部、陕西南部、甘肃南部、江苏、湖北、福建；文献记录昆嵛山及附近湿地有分布，本次调查未见。

保护现状　国家Ⅱ级重点保护物种；IUCN（2019）濒危（EN）。

钝翅苇莺-李思琪/摄

239 钝翅苇莺 Blunt-winged Warbler *Acrocephalus concinens*

鉴别特征　中等体型（14 cm）的单调棕褐色无纵纹苇莺，体重8～10 g；具深褐色过眼纹但眉纹上无深色条带；上体深橄榄褐色，腰及尾上覆羽棕色；下体白，胸侧、两胁及尾下覆羽沾皮黄；与稻田苇莺及远东苇莺区别在眉纹较短，且无第二道上眉纹；虹膜褐色，上嘴色深、下嘴色浅，脚偏粉色。

生态习性　夏候鸟；栖息于近湖泊或河流芦苇荡和低山草地；繁殖资料缺乏。

分类与分布　无亚种分化；繁殖于华北；冬季至南方越冬；文献记录昆嵛山及附近湿地有分布，本次调查未见。

保护现状　中国"三有物种"；IUCN（2019）无危（LC）。

远东苇莺-郑秋旸/手绘

240 远东苇莺
Manchurian Reed Warbler *Acrocephalus tangorum*

鉴别特征　中等体型（14 cm）的灰褐色苇莺，体重8~10 g；嘴宽大且长，具深色过眼纹；甚似稻田苇莺但嘴较长；虹膜褐色，上嘴色深、下嘴粉红，脚橙褐。

生态习性　旅鸟；栖息于近水芦苇丛和高草丛；常站在开阔草地灌木或蒿草梢上鸣叫，鸣声嘈杂短促；尾巴频繁地上下抽动，羽冠频繁耸立。

分类与分布　无亚种分化；繁殖于东北，经华北至东南部越冬；文献记载昆嵛山及附近湿地有分布，本次调查未见。

保护现状　中国"三有物种"；IUCN（2019）易危（VU）。

厚嘴苇莺-王小平/摄

241 厚嘴苇莺 Thick-billed Warbler *Arundinax aedon*

鉴别特征 大型（20 cm）苇莺，体重17~28 g；嘴较其他苇莺明显短而厚；上体橄榄褐色，眼先、眼周皮黄色，无显著眉纹，额羽松散似短羽冠；颏、喉部和腹部中央均为白色，胸和两胁淡棕色；虹膜暗褐色，上嘴黑褐色，下嘴黄色，脚灰色。

生态习性 旅鸟；栖息于海拔800 m以下林地和次生幽暗荆棘丛，行为隐蔽，几乎不光顾芦苇地。

分类与分布 国内有2个亚种；其中东北亚种（*A. a. rufescens*）繁殖于东北，经华北、西北至南方越冬；文献记录昆嵛山及附近有分布，本次调查未见。

保护现状 中国"三有物种"；IUCN（2019）无危（LC）。

雀形目 PASSERIFORMES　　蝗莺科 Locustellidae

北短翅蝗莺-韦铭/摄

242 北短翅蝗莺　Baikal Bush Warbler　*Locustella davidi**

鉴别特征　中等体型（11～13 cm）的褐色莺类，体重9～11 g；两翼短宽，眉纹苍白；上体褐色，顶冠红褐；下体偏白，喉具深色斑点，夏季构成完整项纹；虹膜深褐，嘴黑色，脚粉褐。

生态习性　夏候鸟；栖息于林缘灌丛；性极隐蔽而不易见到；以昆虫为食；繁殖期5～7月，灌丛营巢，窝卵数3～4枚。

分类与分布　无亚种分化；繁殖于东北、内蒙古、华北、西北；文献记录昆嵛山有分布，本次调查未见。

保护现状　中国"三有物种"；IUCN（2019）无危（LC）。

*注：斑胸短翅蝗莺东北亚种（*L. thoracicus davidi*）提升为种。

矛斑蝗莺-韦铭/摄

243 矛斑蝗莺 Lanceolated Warbler *Locustella lanceolata*

鉴别特征 体型略小（11~14 cm）而具褐色纵纹的莺类，体重11~15 g；上体橄榄褐色，具粗著黑色纵纹；下体黄褐，胸具黑色纵纹；虹膜深褐，上嘴褐色、下嘴沾黄，脚粉色。

生态习性 旅鸟；栖息于低山丘陵和平原地带芦苇沼泽、水边灌丛和草地；单独或成对活动，性胆怯，善藏匿，受惊后蹲伏少飞；纯食虫鸟；繁殖期6~7月，草丛地面杯状巢，窝卵数3~5枚，雌鸟孵化。

分类与分布 国内仅有指名亚种（*L. l. lanceolata*）繁殖于东北、内蒙古；迁徙途经华北至南方越冬；文献记录昆嵛山有分布，本次调查未见。

保护现状 中国"三有物种"；IUCN（2019）无危（LC）。

北蝗莺-李晓/摄

244 北蝗莺
Middendorf's Grasshopper Warbler *Locustella ochotensis*

鉴别特征 体型略大（16 cm）的橄榄褐色莺类，体重16~24 g；眉纹淡皮黄色，上体黄褐，背具不显著黑色纵纹，腹部近白，尾具白色端斑；虹膜褐色，上嘴红褐、下嘴淡粉色，脚粉色。

生态习性 旅鸟；栖息于河岸灌丛、沼泽和苇塘；性极警觉隐匿；食性似同属其他种类。

分类与分布 无亚种分化；迁徙途经东北、华北至东南部越冬；文献记录昆嵛山有分布，本次调查未见。

保护现状 中国"三有物种"；IUCN（2019）无危（LC）。

小蝗莺-李巍/摄

245 小蝗莺 Pallas's Grasshopper Warbler *Locustella certhiola*

鉴别特征 中等体型（15 cm）而具褐色纵纹的莺类，体重15 g；眉纹皮黄；上体褐色而具灰、黑色纵纹，两翼及尾红褐；下体近白；虹膜褐色，上嘴褐色、下嘴偏黄，脚淡粉色。

生态习性 夏候鸟；栖息于芦苇地、沼泽、近水草丛；性隐匿难以发现；以昆虫为食；繁殖期5～7月，苇、草丛营巢，窝卵数4～6枚。

分类与分布 国内有3个亚种；其中指名亚种（*L. c. certhiola*）繁殖于东北、内蒙古；迁徙途经华北、西北东部至南方越冬；文献记录昆嵛山有分布，本次调查未见。

保护现状 中国"三有物种"；IUCN（2019）无危（LC）。

雀形目 PASSERIFORMES　　燕科 Hirundinidae

崖沙燕（育雏）-廖小青/摄

246 崖沙燕　Sand Martin　*Riparia riparia*

鉴别特征　小型（12 cm）褐色燕，体重11～17 g；上体灰褐，下体白色；胸具宽灰褐色环带；亚成体喉皮黄色；虹膜褐色，嘴、脚黑色。

生态习性　夏候鸟；栖息于河岸、湖畔沙崖；成群贴水面穿梭低飞，晨昏活跃，飞行捕食各类昆虫；繁殖期6～8月，群巢于沙质土崖，窝卵数4～6枚，双亲孵化育雏，雏鸟晚成。

分类与分布　国内仅有东北亚种（*R. r. ijimae*）广布于东北、华北、西北、西南、华中、华东南；文献记录昆嵛山有分布，本次调查未见。

保护现状　中国"三有物种"；IUCN（2019）无危（LC）。

崖沙燕-邱德伟/摄

家燕-邱德伟/摄

247 家 燕 Barn Swallow *Hirundo rustica*

鉴别特征 中型（20 cm）辉蓝色、白色燕类，体重14～22 g；上体辉蓝黑色，额、喉栗色；胸具黑色横带，其余下体白色，尾深叉状，尾羽近端内翈具圆形白斑；幼鸟和成鸟相似，但尾较短，羽色亦较暗淡，虹膜暗褐色，嘴黑褐色，脚黑色。

生态习性 夏候鸟；栖息于山区或平原人类居住区；飞行敏捷迅速而不知疲倦，喜停歇在电线上；空中捕食各类昆虫，繁殖期4～7月，衔泥营巢于屋檐或弄堂，窝卵数2～5枚，同步孵化，雌鸟孵卵，双亲育雏，雏鸟晚成。

分类与分布 国内有4个亚种；其中普通亚种（*H. r. guttueralis*）广布于全国各省；昆嵛山夏季常见。

保护现状 中国"三有物种"；IUCN（2019）无危（LC）。

家燕（稚后育雏）-于晓平/摄　　家燕（当年幼鸟）-于晓平/摄

毛脚燕 韦铭/摄

248 毛脚燕 Common House Martin *Delichon urbicum*

鉴别特征 体小（13 cm）的钢蓝色和白色燕，体重13～19 g；上体辉蓝黑色，腰和下体近白；与烟腹毛脚燕区别为胸纯白，尾开叉深；虹膜褐色，嘴黑色，脚粉红，白色覆羽及趾。

生态习性 夏候鸟；栖息于山地、森林、河谷陡峭崖壁；喜成群在空中穿梭飞翔；以昆虫为食；繁殖期5～7月，营巢于悬崖缝隙、岩洞，窝卵数4～6枚，双亲孵化育雏，雏鸟晚成。

分类与分布 国内有2个亚种；其中东北亚种（*D. u. lagopoda*）繁殖于东北、华北；越冬于华东、华南、东南；文献记录昆嵛山有分布，本次调查未见。

保护现状 中国"三有物种"；IUCN（2019）无危（LC）。

金腰燕 邱德伟/摄

金腰燕 邱德伟/摄

金腰燕 张英军/摄

249 金腰燕 Red-rumped Swallow *Cecropis daurica*

鉴别特征　体大（18 cm），体重18~23 g；辉蓝色上体与浅栗色腰部成对比；下体白色具黑色细纵纹，尾甚长，深凹形；虹膜褐色，嘴及脚黑色。

生态习性　夏候鸟；栖息地类似家燕，二者分布区多重叠；结小群活动，飞行时振翼较缓慢且比其他燕类更喜高空翱翔；主要以昆虫为食；繁殖期4~7月，衔泥营巢于屋檐、房梁、天花板等处，窝卵数2~6枚，同步孵化，双亲孵化育雏，雏鸟晚成。

分类与分布　国内有4个亚种；其中普通亚种（*C. d. japonica*）繁殖于除新疆、青海、西藏之外几乎所有省份；昆嵛山夏季常见。

保护现状　中国"三有物种"；IUCN（2019）无危（LC）。

雀形目 PASSERIFORMES　　鹎科 Pycnonotidae

白头鹎-张英军/摄

白头鹎-廖小青/摄

250 白头鹎　Light-vented Bulbul　*Pycnonotus sinensis*

鉴别特征　中等体型（19 cm）的橄榄色鹎，体重26～43 g；上体橄榄绿，下体灰白；黑色头顶略具羽冠，髭纹黑色，头顶白色；幼鸟头橄榄色，胸具灰色横纹；虹膜褐色，嘴近黑，脚黑色。

生态习性　留鸟；栖息于低海拔山区、丘陵、平原林地、灌丛以及城市绿地；性活泼，喜集群，不惧人，食性杂；繁殖期4～7月，树上营杯状巢，窝卵数3～5枚。

分类与分布　国内有3个亚种；其中指名亚种（*P. s. sinensis*）广布于东北南部辽宁、华北、西北、华中、华东、华南大部分地区；昆嵛山境内极常见。

保护现状　中国"三有物种"；IUCN（2019）无危（LC）。

栗耳短脚鹎-张英军/摄

251 栗耳短脚鹎 Brown-eared Bulbul *Hypsipetes amaurotis*

鉴别特征　体型甚大（28 cm）的灰褐色鹎，体重60～75 g；雌雄类似；冠羽略尖，耳羽及颈侧栗色；顶冠及颈背灰，两翼和尾褐灰；喉及胸部灰色带浅色纵纹；腹部偏白，两胁有灰色点斑，臀具黑白色横斑；虹膜褐色，嘴深灰，脚偏黑。

生态习性　冬候鸟；栖息于阔叶林、杂木林、果园和农田边缘；冬季成小群活动，活泼而善鸣叫；性较怯生，常转移地点停歇于树冠顶部；夏季食虫，冬季食果和种子。

分类与分布　国内有2个亚种；其中指名亚种（*H. a. amaurotis*）迁徙途经东北至华北、东部沿海越冬；昆嵛山境内常见。

保护现状　中国"三有物种"；IUCN（2019）无危（LC）。

雀形目 PASSERIFORMES　　柳莺科 Phylloscopidae

褐柳莺-于晓平/摄

252 褐柳莺　Dusky Warbler　*Phyllosopus fuscatus*

鉴别特征　中等体型（11 cm）的纯褐色柳莺，体重7～12 g；上体橄榄褐色，眉纹前白后沾棕，贯眼纹暗褐色，无冠纹，无翼斑；下体近白，侧面沾棕；虹膜暗褐色，嘴黑褐色、下嘴基部橙黄色，脚淡褐色。

生态习性　夏候鸟；隐身于溪流、沼泽边缘浓密灌丛，冬季也见于城市绿篱；常在树枝间跳动，频繁上下翘动尾及双翼；以昆虫为食；繁殖期5～8月，营灌丛球形巢，窝卵数5枚。

分类与分布　国内有2个亚种；其中指名亚种（*P. f. fuscatus*）繁殖于黄河流域以北及青藏高原；越冬于长江流域及以南各省；文献记录昆嵛山有分布，本次调查未见。

保护现状　中国"三有物种"；IUCN（2019）无危（LC）。

棕腹柳莺-韦铭/摄
棕腹柳莺-李飏/摄

253 棕腹柳莺 Buff-throated Warbler *Phylloscopus subaffinis*

鉴别特征 中等体型（10.5 cm）的橄榄绿色柳莺，体重7～8 g；眉纹暗黄，无翼斑；形态极似黄腹柳莺但耳羽较暗；下体棕黄色；虹膜褐色，上嘴黑褐、下嘴淡褐而基部黄色，脚深褐。

生态习性 夏候鸟；夏季栖息于较高海拔林缘灌丛，冬季下移；夏季成对，冬季成小群；性活跃；以昆虫为食；繁殖期5～9月，营树冠下层杯状巢，其余繁殖生物学特征不详。

分类与分布 无亚种分化；分布于华北（山东）、西北、西南、华中及华东南；文献记录昆嵛山有分布，本次调查未见。

保护现状 中国"三有物种"；IUCN（2019）无危（LC）。

棕眉柳莺-于晓平/摄

254 棕眉柳莺
Yellow-streaked Warbler *Phylloscopus armandii*

鉴别特征 中等体型（12 cm）的纯褐色柳莺，体重8~10 g；上体橄榄褐色，眉纹长而白且眼先黄色，褐色贯眼纹延伸至耳羽，无冠纹和翼斑；下体近白，缀以浅淡绿黄色细纹，尾下覆羽皮黄色；虹膜褐色，上嘴褐色、下嘴黄色而远端下缘褐色，脚黄褐色。

生态习性 夏候鸟；栖息于林缘、河谷灌丛；生物学尤其繁殖生物学资料缺乏。

分类与分布 国内有2个亚种；其中指名亚种（*P. a. armandii*）分布于东北南部辽宁、华北、西北（新疆除外）和西南各省；文献记录昆嵛山有分布，本次调查未见。

保护现状 中国"三有物种"；IUCN（2019）无危（LC）。

巨嘴柳莺-于晓平/摄

255 巨嘴柳莺 Radde's Warbler *Phylloscopus schwarzi*

鉴别特征 中等偏大（12.5 cm）的柳莺，体重10～15 g；嘴较厚；上体橄榄褐色，宽阔眉纹棕白色而上缘棕黑，冠眼纹深褐；无翼斑；下体大部黄色或棕黄色；虹膜褐色，嘴较厚短，嘴黑色而下嘴基部黄褐色，脚黄褐色。

生态习性 夏候鸟；栖息于较低海拔的阔叶林下灌丛、园林草地、低矮果园；常隐匿并取食于地面，胆小而机警；以昆虫、果实、种子为食；繁殖期5～7月，灌草丛营巢，窝卵数5枚。

分类与分布 无亚种分化；除宁夏、青海、西藏外见于各省；昆嵛山夏季偶见。

保护现状 中国"三有物种"；IUCN（2019）无危（LC）。

云南柳莺-田宁朝/摄

256 云南柳莺
Chinese Leaf Warbler *Phylloscopus yunnanensis*

鉴别特征 小型（10 cm）柳莺，体重4~6 g；甚似淡黄腰柳莺，但侧冠纹较浅且顶纹较模糊，有时仅在头后呈一浅色斑点；虹膜暗褐，嘴黑褐、下嘴基部褐黄色，脚灰褐色。

生态习性 夏候鸟；栖息于低地次生落叶林，极少超过海拔2 600 m；性活泼，常立于枝头鸣唱；主要以昆虫为食；繁殖期5~7月，营球形地面巢，窝卵数4枚，雌雄共同育雏，雏鸟晚成。

分类与分布 无亚种分化；繁殖于东北、华北、西北、西南等地；文献记录昆嵛山有分布，本次调查未见。

保护现状 中国"三有物种"；IUCN（2019）无危（LC）。

云南柳莺-韦铭/摄

黄腰柳莺-李飏/摄

257 黄腰柳莺 Pallas's Leaf Warbler *Phylloscopus proregulus*

鉴别特征 小型（9 cm）而显短圆的柳莺，体重5~7 g；具黄色粗眉纹和顶冠纹；上体橄榄绿色，腰柠檬黄色，具两道浅色翼斑；下体近白，臀及尾下覆羽浅黄绿色；虹膜黑褐色，嘴黑色、下嘴基部淡黄，脚淡褐色。

生态习性 夏候鸟；栖息于针叶林和混交林；完全以昆虫为食；繁殖期5~8月，针叶树侧枝营球形巢，窝卵数5~6枚。

分类与分布 无亚种分化；广布于中国各省；昆嵛山境内夏季可见。

保护现状 中国"三有物种"；IUCN（2019）无危（LC）。

黄眉柳莺-李飏/摄

258 黄眉柳莺 Yellow-browed Warbler *Phylloscopus inornatus*

鉴别特征　中等体型（11 cm）的亮橄榄绿色柳莺，体重6~9 g；具两道显著近白色翼斑；眉纹纯白或乳白色，黄绿色冠纹不显著；下体白色稍沾黄绿；虹膜暗褐色，嘴黑色，下嘴基淡黄，脚棕褐色。

生态习性　旅鸟；栖息于针叶林、混交林和阔叶林；性活泼，常与其他小型食虫鸟（柳莺、山雀等）混群，活动于树冠层；主要以昆虫为食。

分类与分布　无亚种分化；繁殖于东北、内蒙古和新疆；迁徙途经华北、西北至南方越冬；昆嵛山迁徙季节可见。

保护现状　中国"三有物种"；IUCN（2019）无危（LC）。

极北柳莺-韦铭/摄

259 极北柳莺 Arctic Warbler *Phylloscopus borealis*

鉴别特征	中等体型（12 cm）的灰橄榄色柳莺，体重7~11 g；上体灰橄榄绿色，黄白色眉纹显著，无冠纹，至少具一道黄白色大翼斑（小翼斑常因磨蚀而消失）；下体白色沾黄，尾下覆羽黄色更甚；虹膜暗褐色，上嘴深褐、下嘴黄色，脚褐色。
生态习性	旅鸟；栖息于稀疏阔叶林、针阔混交林及林缘灌丛；常与其他柳莺混群；主要以昆虫为食。
分类与分布	国内仅有指名亚种（*P. b. borealis*）迁徙途经中国大部分地区；文献记录昆嵛山有分布，本次调查未见。
保护现状	中国"三有物种"；IUCN（2019）无危（LC）。

极北柳莺-于晓平/摄

双斑绿柳莺-韦铭/摄

260 双斑绿柳莺
Two-barred Warbler *Phylloscopus plumbeitarsus*

鉴别特征　中等偏大（11~12 cm）的暗绿色柳莺，体重7~9 g；白色长眉纹显著，无顶冠纹；似暗绿柳莺，但大翼斑较宽较明显并具黄白色小翼斑，上体色较深且绿色较重，下体更白；虹膜褐色，上嘴黑褐、下嘴粉色，脚蓝灰。

生态习性　旅鸟；繁殖于针阔混交林、阔叶林，越冬于次生灌丛和竹林；性活跃；以昆虫为食。

分类与分布　无亚种分化；繁殖于东北、内蒙古东部；迁徙途经华北、西北至除新疆、西藏外各省越冬；文献记录昆嵛山有分布，本次调查未见。

保护现状　中国"三有物种"；IUCN（2019）无危（LC）。

淡脚柳莺-韦铭/摄

261 淡脚柳莺 Pale-legged Warbler *Phylloscopus tenellipes*

鉴别特征　体型略小（11 cm）的橄榄绿色柳莺，体重8~11 g；眉纹白色，无顶冠纹；上体橄榄褐色；翅上具两道亮黄色翼斑；下体亮白色，两胁及尾下覆羽略皮黄色；虹膜褐色，嘴褐色，脚粉红。

生态习性　旅鸟；喜近溪流而茂密林下植被；性活跃，冬季形成小群；以昆虫为食。

分类与分布　无亚种分化；繁殖于东北；迁徙途经华北至华东南、华南各省越冬；文献记录昆嵛山有分布，本次调查未见。

保护现状　中国"三有物种"；IUCN（2019）无危（LC）。

乌嘴柳莺-李飏/摄

262 乌嘴柳莺 Large-billed Warbler *Phylloscopus magnirostris*

鉴别特征　体型较大（12.5 cm）的柳莺，体重6～13 g；上体橄榄褐色；黄白色眉纹长而宽，贯眼纹暗褐，无冠纹；前一道翼斑常缺如，后一道翼斑黄白色；下体污黄，喉和胸较灰，尾下覆羽黄色；虹膜褐色，嘴黑褐，脚褐色。

生态习性　夏候鸟；栖息于针叶林、针阔混交林、阔叶林及河谷两岸灌丛；以各种昆虫为食；繁殖期6～8月，营球形巢于倒木或岸边洞穴，窝卵数3～5枚。

分类与分布　无亚种分化；繁殖于华北、西北（新疆除外）和西南各省；文献记录昆嵛山有分布，本次调查未见。

保护现状　中国"三有物种"；IUCN（2019）无危（LC）。

冕柳莺-于晓平/摄

263 冕柳莺 Eastern Crowned Warbler *Phylloscopus coronatus*

鉴别特征　中等偏大（12 cm）的黄橄榄色柳莺，体重8～10 g；眉纹黄白色，淡黄色中央冠纹先端不甚明晰；仅大覆羽先端形成一道细弱淡黄色翅斑；下体银白色并稍沾黄色，尾下覆羽灰黄色或淡黄绿色；虹膜褐色，上嘴褐色、下嘴淡橙色，脚绿褐色。

生态习性　夏候鸟；栖息于林缘灌丛，冬季成群且与其他小型鸟类混群；以各种昆虫为食；繁殖期5～7月，地面或矮树营巢，窝卵数5～7枚。

分类与分布　无亚种分化；繁殖于东北、华北；冬季至南方越冬，除宁夏、青海外见于各省；昆嵛山夏季偶见。

保护现状　中国"三有物种"；IUCN（2019）无危（LC）。

雀形目 PASSERIFORMES　　树莺科 Cettiidae

短翅树莺-韦铭/摄

264 短翅树莺 Japanese Bush Warbler *Horornis diphone*

鉴别特征　中等体型（15 cm）的橄榄褐色树莺，体重16～30 g；具显著皮黄色眉纹和近黑色贯眼纹；上体灰褐色或橄榄褐色，头顶棕褐但不如远东树莺鲜亮；下体乳白，具暗灰色胸带或缺如；虹膜褐色，上嘴褐色、下嘴粉色，脚粉红。

生态习性　旅鸟；栖息于茂密竹林灌丛和草地，常独处于浓枝密叶间；鸣唱婉转，性羞怯。

分类与分布　国内有3个亚种；其中萨哈林亚种（*H. d. sakhalinensis*）迁徙经华北、西北至南方越冬；文献记录昆嵛山有分布，本次调查未见。

保护现状　中国"三有物种"；IUCN（2019）无危（LC）。

远东树莺-于晓平/摄

远东树莺-廖小青/摄

265 远东树莺 Manchurian Bush Warbler *Horornis canturians*

鉴别特征 大型（17 cm）通体棕色树莺，体重25~30 g；皮黄色眉纹显著，贯眼纹深褐色；无翼斑和顶冠纹，前额至头顶为较鲜亮的红褐色；尾羽较长与飞羽同色；下体污白；虹膜褐色，上嘴褐色、下嘴灰褐色，基部肉色，脚肉色沾灰。

生态习性 夏候鸟；常单独隐身于浓密灌丛，升调鸣唱急促而响亮，性隐蔽，偶见停歇于灌木顶端；仅知其营巢于灌草丛中下部，窝卵数及雏鸟情况不详。

分类与分布 国内有2个亚种；其中指名亚种（*H. c. canturians*）繁殖于华北、西北；冬季南迁；昆嵛山境内夏季常见。

保护现状 中国"三有物种"；IUCN（2019）无危（LC）。

鳞头树莺-于晓平/摄

266 鳞头树莺 Asian Stubtail *Urosphena squameiceps*

鉴别特征　小型（10 cm）而尾极短的树莺，体重8～10 g；头顶色深缀以鳞状斑纹；具显著深色贯眼纹和浅色眉纹；上体纯褐，下体近白，两胁及臀皮黄色；虹膜黑褐色，上嘴褐色、下嘴肉色，脚肉粉色。

生态习性　夏候鸟；单独或成对隐藏于林下地面活动，在倒木、树枝或草地来回跳动觅食，不惧人；完全以昆虫为食；繁殖期5～7月，营巢于地面隐蔽处，窝卵数5～6枚，双亲育雏。

分类与分布　无亚种分化；繁殖于东北、内蒙古和华北；冬季南迁；昆嵛山夏季偶见。

保护现状　中国"三有物种"；IUCN（2019）无危（LC）。

雀形目｜树莺科

银喉长尾山雀-张英军/摄

雀形目
PASSERIFORMES

长尾山雀科
Aegithalidae

267 银喉长尾山雀
Silver-throated Bushtit *Aegithalos glaucogularis*

鉴别特征　中等体型（16 cm）的长尾山雀，体重7~9 g；嘴短圆锥状；羽毛蓬松修长；华北亚种（*A. g. vinaceus*）头顶黑色；背灰翅黑，下体葡萄红色；尾甚长，黑色而带白边；各亚种羽色差异较大；虹膜深褐，嘴黑，脚深褐。

生态习性　留鸟；常成群活动于山地针叶林、针阔叶混交林、农田边缘次生林；性活跃，成群穿梭于树冠层、矮树丛；主要以昆虫为食，兼食少许植物；繁殖期4~6月，乔木侧枝基部营葫芦状巢，窝卵数9~12枚，异步孵化，雌鸟孵卵，雏鸟晚成。

分类与分布　国内有2个亚种；其中华北亚种常见于华北、西北和西南局部；昆嵛山境内常见。

保护现状　中国"三有物种"；IUCN（2019）无危（LC）。

银喉长尾山雀-廖小青/摄

雀形目　　莺鹛科
PASSERIFORMES　　Sylviidae

棕头鸦雀-于晓平/摄

268 棕头鸦雀
Vinous-throated Parrotbill　*Sinosuthora webbiana*

鉴别特征　纤小（12 cm）玲珑的粉褐色鸦雀，体重9~12 g；嘴短厚；头顶及两翼栗褐色，喉部微具细纹；亚种间羽色差异不大；虹膜褐色，嘴灰褐而端部色浅，脚粉灰。

生态习性　留鸟；喜林下植被、各类灌丛；性活泼且极为喧闹，不怯生，冬季成群；主食昆虫，兼食种子、野果；繁殖期5~8月，灌丛、竹丛营杯状巢，窝卵数4~5枚。

分类与分布　国内有6个亚种；其中河北亚种（*S. w. fulvicauda*）广布于河北东北部、北京、天津、山东、河南北部；昆嵛山境内极常见。

保护现状　中国"三有物种"；IUCN（2019）无危（LC）。

棕头鸦雀-廖小青/摄

震旦鸦雀-于晓平/摄

269 震旦鸦雀 Reed Parrotbill *Paradoxornis heudei*

鉴别特征	中等体型（18 cm）的鸦雀，体重18～48 g；短粗钩状嘴显著；黑色眉纹醒目，额、头顶及颈背灰色；上背黄褐具黑色纵纹，下背黄褐；喉、上胸近白，下体及两胁黄褐；虹膜红褐，嘴灰黄，脚粉黄。
生态习性	留鸟；成群栖息于芦苇丛，性活泼喧闹；主食昆虫；4～6月繁殖，营巢于苇茎中部，窝卵数2～5枚，雌雄共同孵化育雏，晚成鸟。
分类与分布	国内有2个亚种；其中黑龙江亚种（*P. h. mongolicus*）繁殖于东北、华北北部；文献记录烟台夹河有分布，本次调查未见。
保护现状	国家Ⅱ级重点保护鸟类；IUCN（2019）近危（NT）。

雀形目 PASSERIFORMES　　绣眼鸟科 Zosteropidae

红胁绣眼鸟-赵纳勋/摄

270 红胁绣眼鸟
Chestnut-flanked White-eye　*Zosterops erythropleurus*

鉴别特征　体型（12 cm）中等，体重12～13 g；上休灰色较多有别于暗绿绣眼鸟和灰腹绣眼鸟；两胁具隐约栗色；下颚色淡；黄色喉斑小；头顶无黄色；虹膜红褐，嘴橄榄色，脚灰色。

生态习性　旅鸟；栖息于阔叶林、竹林、果园、灌丛；冬季成群，性活跃，穿梭跳跃于枝叶花簇间；夏季以昆虫为食，冬季也吃果实、种子。

分类与分布　无亚种分化；繁殖于东北、内蒙古；冬季至南方越冬，除新疆、青海、海南、台湾外见于各省；昆嵛山境内可见。

保护现状　国家Ⅱ级重点保护鸟类；IUCN（2019）无危（LC）。

暗绿绣眼鸟-廖小青/摄

暗绿绣眼鸟-于晓平/摄

271 暗绿绣眼鸟 Japanese White-eye *Zosterops japonicus*

鉴别特征 体型（10 cm）较小，体重8～12 g；上体亮橄榄绿色；具醒目白色眼圈；喉及臀部黄色；胸及两胁灰色；腹部近白色；虹膜浅褐，嘴及脚灰色。

生态习性 夏候鸟；栖息于混交林、阔叶林、竹林等各类森林；喜群居，活泼而喧闹；以昆虫为主食兼食浆果；繁殖期4～7月，营巢乔木或灌木枝端，窝卵数3～4枚。

分类与分布 国内有2个亚种；其中普通亚种（*Z. j. simplex*）分布于东北南部辽宁、华北、西南、华中、华南（包括台湾）；昆嵛山夏季较常见。

保护现状 中国"三有物种"；IUCN（2019）无危（LC）。

雀形目 PASSERIFORMES 旋木雀科 Certhiidae

欧亚旋木雀-于晓平/摄

272 欧亚旋木雀 Eurasian Treecreeper *Certhia familiaris*

鉴别特征 体型略小（13 cm）而褐色斑驳的旋木雀，体重8~9 g；胸及两胁偏白，下体白或皮黄，仅两胁略沾棕色且尾覆羽棕色；眉纹色浅有别于锈红腹旋木雀；平淡褐色的尾有别于高山旋木雀；虹膜褐色，上嘴褐色、下嘴色浅，脚偏褐。

生态习性 留鸟；见于混交林、阔叶林，在树干中下部上下攀爬觅食昆虫及虫卵；繁殖期4~6月，树洞营巢，窝卵数4~6枚，同步孵化，雌鸟孵卵，双亲育雏，雏鸟晚成。

分类与分布 国内有3个亚种；其中北方亚种（*C. f. daurica*）分布于东北、内蒙古、华北和新疆北部；昆嵛山境内偶见。

保护现状 中国"三有物种"；IUCN（2019）无危（LC）。

雀形目 PASSERIFORMES　　鹪鹩科 Troglodytidae

鹪鹩-于晓平/摄

273 鹪　鹩　Eurasian Wren　*Troglodytes troglodytes*

鉴别特征　体型小巧（10 cm）褐色而具横纹，体重9～11 g；嘴细小；具模糊皮黄色眉纹；深黄褐体羽具狭窄黑色横斑；尾上翘；不同亚种基色调有异；虹膜褐色，嘴及脚褐色。

生态习性　留鸟；喜近水林地、灌丛；单独活动于地面倒木、石堆缝隙；繁殖期常站立在树桩顶端鸣叫；以昆虫为食；繁殖期4～6月，营巢倒木树洞，窝卵数4～6枚，异步孵化。

分类与分布　国内多达7个亚种；其中普通亚种（*T. t. idius*）见于华北、西北、华东南；昆嵛山境内偶见。

保护现状　中国"三有物种"；IUCN（2019）无危（LC）。

雀形目 PASSERIFORMES 　　椋鸟科 Sturnidae

八哥-张英军/摄
八哥-于晓平/摄

274 八 哥 Crested Myna *Acridotheres cristatellus*

鉴别特征 体大（26 cm）的黑色八哥，体重110～140 g；冠羽短粗而突出；两翼大型白斑飞行时尤为显著；尾端有狭窄白色，尾下覆羽具黑及白色横纹；与林八哥区别在冠羽较长；虹膜橘黄，嘴浅黄、嘴基红色，脚暗黄。

生态习性 留鸟；栖息于阔叶林林缘及村落附近；冬季集群，鸣声嘈杂，善效仿其他鸟鸣；常在耕牛身后或背上啄食昆虫、寄生虫等；繁殖期3～7月，树洞或壁龛营巢，窝卵数4～6枚，双亲育雏，雏鸟晚成。

分类与分布 国内有3个亚种；其中指名亚种（*A. c. cristatellus*）分布于华北、西北、西南、华东、华南等广大地区；昆嵛山境内常见。

保护现状 中国"三有物种"；IUCN（2019）无危（LC）。

丝光椋鸟（雄）-田宁朝/摄

丝光椋鸟（雌）-廖小青/摄

275 丝光椋鸟 Silky Starling *Spodiopsar sericeus*

鉴别特征 体型略大（24 cm）的灰色及黑白色椋鸟，体重65～80 g；雄鸟头、颈丝光白或棕白；背深灰，胸灰，两翅和尾黑；雌鸟头顶前部棕白，后部暗灰，上体灰褐色，下体浅灰褐色，其他同雄鸟；特征均甚明显，野外不难识别；虹膜黑色，嘴红色、嘴端黑色，脚暗橘黄。

生态习性 夏候鸟；栖息于海拔1 000 m以下的低山丘陵次生林、稀树草坡等开阔地带；迁徙时可结成大群；取食植物果实、种子和昆虫；繁殖期5～7月，树洞营巢，窝卵数5～7枚，雌鸟孵化，双亲育雏，晚成鸟。

分类与分布 无亚种分化；繁殖于华北、西北、华中至东南、华南；昆嵛山及附近城市绿地可见。

保护现状 中国"三有物种"；IUCN（2019）无危（LC）。

灰椋鸟-于晓平/摄

276 灰椋鸟 White-cheeked Starling *Spodiopsar cineraceus*

鉴别特征 中等体形（24 cm）的棕灰色椋鸟，体重70~85 g；头黑，头侧具白色纵纹；臀、外侧尾羽羽端及次级飞羽狭窄横纹白色；虹膜偏红，嘴橙黄色，尖端黑色，脚暗橘黄。

生态习性 夏候鸟（部分留鸟）；栖息于平原或山区稀树地带；繁殖期成对活动，冬季常形成数百上千只的大群在农田活动；飞行无队形且极为嘈杂；主要取食昆虫；繁殖期5~7月，树洞营巢，窝卵数5~7枚，雌鸟孵卵，双亲育雏，雏鸟晚成。

分类与分布 无亚种分化；除西藏外见于各省；昆嵛山境内常见。

保护现状 中国"三有物种"；IUCN（2019）无危（LC）。

北椋鸟-廖小青/摄

277 北椋鸟 Daurian Starling *Agropsar sturninus*

鉴别特征　体型略小（18 cm）背部深色的椋鸟，体重50～80 g；成年雄鸟背部闪辉紫色，两翼闪辉绿黑色并具醒目白色翼斑，腹部白色；雌鸟上体烟灰，颈背具褐色点斑，两翼及尾黑；亚成鸟浅褐，下体褐色斑驳；虹膜褐色，嘴近黑，脚绿色。

生态习性　夏候鸟；栖息于平原地区或田野；主要以昆虫为食，也吃少量果实与种子；繁殖期5～6月，树洞营巢，窝卵数5～7枚，雌鸟孵卵，双亲育雏，雏鸟晚成。

分类与分布　无亚种分化；除西藏、青海、西藏外见于各省；昆嵛山境内偶见。

保护现状　中国"三有物种"；IUCN（2019）无危（LC）。

雀形目 PASSERIFORMES　　鸫科 Turdidae

白眉地鸫·韦铭/摄

278 白眉地鸫　Siberian Thrush　*Geokichla sibirica*

鉴别特征　中等体型（23 cm）近黑（雄鸟）或褐色（雌鸟）地鸫，体重60～70 g；眉纹显著；雄鸟石板灰黑色，眉纹白，尾羽羽端及臀白；雌鸟橄榄褐，下体皮黄白至赤褐，眉纹皮黄白色；虹膜褐色，嘴黑色，脚黄色。

生态习性　旅鸟；栖息于混交林、阔叶林；迁徙期见于林缘、农田附近林地；地面跳跃前行，性隐蔽；主食昆虫，兼食浆果、种子。

分类与分布　国内有2个亚种；其中指名亚种（*G. s. sibirica*）繁殖于东北、内蒙古东部；迁徙越冬于除宁夏、新疆、青海、西藏外各省；昆嵛山迁徙季节偶见。

保护现状　中国"三有物种"；IUCN（2019）无危（LC）。

虎斑地鸫-廖小青/摄

279 虎斑地鸫 White's Thrush *Zoothera aurea*

鉴别特征 大型（28 cm）褐色地鸫，体重130~160 g；上体褐色，下体白，黑色及金皮黄色羽缘使其通体密布鳞状斑纹；虹膜褐色，嘴深褐，脚粉色。

生态习性 旅鸟；喜茂密、潮湿近水林地；地栖性鸟类；主食昆虫，兼食果实、种子。

分类与分布 国内有2个亚种；其中指名亚种（*Z. a. aurea*）繁殖于东北、华北东北部；迁徙越冬见于各省；昆嵛山境内可见。

保护现状 中国"三有物种"；IUCN（2019）无危（LC）。

虎斑地鸫-王小平/摄

灰背鸫（雄）-Kees van Achterberg/摄

280 灰背鸫　Grey-backed Thrush　*Turdus hortulorum*

鉴别特征　中小型（24 cm）灰色鸫，体重50～65 g；雄鸟上体灰色，喉部灰白；胸灰，腹白，两胁橘黄；雌鸟上体褐色较浓，两胁棕色且具黑色斑点；虹膜褐色，嘴黄色，脚肉色。

生态习性　旅鸟；主要栖息于混交林、阔叶林；迁徙季节可出现在农田、公园绿地；常单独或成对活动，有时和其他鸫类结成松散混合群，地栖性，甚惧生；主要以昆虫及其幼虫为食。

分类与分布　无亚种分化；繁殖于东北；迁徙越冬见于除宁夏、青海、西藏外各省；昆嵛山境内常见。

保护现状　中国"三有物种"；IUCN（2019）无危（LC）。

灰背鸫（雌）-田宁朝/摄

乌鸫（左雄右雌）·于晓平/摄

281 乌 鸫　Chinese Blackbird　*Turdus mandarinus**

鉴别特征　体型较大（29 cm）的深色鸫，体重100~130 g；雄鸟通体黑色，雌鸟黑褐；虹膜褐色，嘴黄色（雄）或黄绿色（雌），脚褐色。

生态习性　留鸟；喜低山丘陵和城市绿地；地面觅食，虽居人烟密集区，但性胆怯，不易靠近；主要以双翅目、鞘翅目、直翅目昆虫及其幼虫为食；繁殖期5~8月，营巢于乔木枝梢上或树木主干分支处，窝卵数4~5枚。

分类与分布　国内有2个亚种；其中指名亚种（*T. m. mandarinus*）广布于华北、西北东部、西南局部、华中、华东南；昆嵛山境内及附近城镇偶见。

保护现状　中国"三有物种"；IUCN（2019）无危（LC）。

*注：原乌鸫（*T. merula*）的普通亚种（*T. m. mandarinus*）提升为种。

白眉鸫（雄）-于晓平/摄

282 白眉鸫 Eyebrowed Thrush *Turdus obscurus*

鉴别特征 中等体型（23 cm）的褐色鸫，体重50～90 g；雄鸟头深灰，具显著白色过眼纹；上体橄榄褐色；胸带褐色，下体白而两侧沾褐；雌鸟头、上体橄榄褐色，喉白具纵纹；虹膜褐色，嘴基黄而端黑，脚黄至肉色。

生态习性 旅鸟；栖息于山地森林、林缘灌丛；迁徙期间成群；地面活动，性活泼；以昆虫为食，也吃果实、种子。

分类与分布 无亚种分化；迁徙期间见于除西藏外各省；昆嵛山境内偶见。

保护现状 中国"三有物种"；IUCN（2019）无危（LC）。

白眉鸫（雌）-廖小青/摄

雀形目 | 鸫科

白腹鸫（雄）-廖小青/摄

283 白腹鸫 Pale Thrush *Turdus pallidus*

鉴别特征 中等体型（23 cm）的褐色鸫，体重60~75 g；腹部及臀部白色；雄鸟头及喉灰褐，雌鸟头褐色；似赤胸鸫但两胁褐灰而非黄褐，外侧尾羽羽端白色甚宽；虹膜褐色，上嘴灰色、下嘴黄，脚浅褐。

生态习性 旅鸟；栖息于近河谷、溪流阔叶林、混交林；地面活动，性羞怯；主食昆虫，兼食果实、种子。

分类与分布 无亚种分化；繁殖于东北；迁徙见于各省；昆嵛山迁徙季节偶见。

保护现状 中国"三有物种"；IUCN（2019）无危（LC）。

白腹鸫（雌）-张海华/摄

赤颈鸫（雄冬羽）-于晓平/摄
赤颈鸫（雌冬羽）-周勇/摄

284 赤颈鸫 Red-throated Thrush *Turdus ruficollis*

鉴别特征 中等体型（25 cm）的暖褐色鸫，体重80～100 g；雄鸟头及喉近灰，雌鸟头褐，喉偏白；上体、翼及尾全褐；腹部及臀部白色；两性胸及两胁均黄褐色；虹膜褐色，嘴黄而端黑，脚近褐。

生态习性 旅鸟；栖息于海拔1 000～3 000 m的山地草地或丘陵疏林、平原灌丛；成松散群体；取食昆虫、小动物及草籽和浆果。

分类与分布 无亚种分化；繁殖于东北；迁徙见于各省；昆嵛山迁徙季节偶见。

保护现状 中国"三有物种"；IUCN（2019）无危（LC）。

红尾斑鸫-于晓平/摄

285 红尾斑鸫 Naumann's Thrush *Turdus naumanni*＊

鉴别特征 中等体型（25 cm）的鸫，体重50~75 g；上体灰褐色，眉纹、喉和胸部栗红色，延伸至两胁亦具栗红色斑点，最外侧两根尾羽栗红色；虹膜褐色，上嘴黑色、下嘴端部黑色而基部黄色，脚肉色。

生态习性 旅鸟；栖息于森林，冬季结成大群活跃在林缘、农田、果园及城镇；常与斑鸫混群，性活跃，较不惧人，尖细的叫声可以传播很远；以昆虫为食，兼食果实、种子。

分类与分布 无亚种分化；除西藏外见于各省；昆嵛山迁徙季节常见。

保护现状 中国"三有物种"；IUCN（2019）无危（LC）。

＊注：原斑鸫（*T. naumanni*）的指名亚种（*T. n. naumanni*）提升为种。

斑鸫（雄）-于晓平/摄

286 斑 鸫 Dusky Thrush *Turdus eunomus**

鉴别特征 中等体型（25 cm）而具显著黑白色图纹，体重50～75 g；具浅棕色翼线和棕色宽阔翼斑，雄性耳羽及胸部横纹黑色与白色喉部、眉纹和臀部成对比，下腹黑色而具白色鳞状纹；雌鸟褐色且皮黄色暗淡；虹膜褐色，上嘴黑色、下嘴黄色，脚褐色。

生态习性 旅鸟；常与红尾斑鸫混群，习性类似红尾斑鸫。

分类与分布 无亚种分化；除西藏外见于各省；昆嵛山迁徙季节常见。

保护现状 中国"三有物种"；IUCN（2019）无危（LC）。

*注：原斑鸫指名亚种提升为种（红尾斑鸫），其北方亚种（*T. naumanni eunomus*）的亚种名作为本种种名使用。

宝兴歌鸫-于晓平/摄

287 宝兴歌鸫　Chinese Thrush　*Turdus mupinensis*

鉴别特征　中等体型（23 cm）的鸫类，体重50～70 g；雌雄相似；脸颊皮黄具黑色细纹，耳羽后侧具黑色斑块；上体褐色，翼上有两道近白色斑；下体皮黄而具明显近圆形黑斑；虹膜褐色，嘴污黄，脚暗黄。

生态习性　旅鸟；繁殖于较高海拔针叶林带，尤喜溪旁栎林、林下灌丛；迁徙季节可至低海拔河谷林地、果园；主要取食鳞翅目幼虫等昆虫。

分类与分布　无亚种分化；除西藏外见于各省；昆嵛山及附近岛屿迁徙季节常见。

保护现状　中国"三有物种"；IUCN（2019）无危（LC）。

雀形目 PASSERIFORMES　　鹟科 Muscicapidae

红尾歌鸲-于晓平/摄

288 红尾歌鸲 Rufous-tailed Robin *Larvivora sibilans**

鉴别特征 体小（13 cm）而尾部棕色的歌鸲，体重14~17 g；上体橄榄褐色，尾羽棕栗色；下体近白，胸部具橄榄色扇贝形纹；雌雄类似但前者褐色更多；虹膜褐色，嘴黑色，脚粉褐。

生态习性 旅鸟；常栖于茂密多荫林地、竹林地面或溪流边低矮灌丛，地面跳动行走觅食，不甚惧人，尾颤动有力；以卷叶蛾等多种害虫为食。

分类与分布 无亚种分化；繁殖于东北、内蒙古东北部；迁徙途经华北、华中至西南、华东南、华南越冬；文献记录昆嵛山有分布，本次调查未见。

保护现状 中国"三有物种"；IUCN（2019）无危（LC）。

*注：由*Luscinia*属归入*Larvivora*属。

蓝歌鸲（雄）-王小平/摄

289 蓝歌鸲 Siberian Blue Robin *Larvivora cyane*

鉴别特征 中等体型（14 cm）的蓝、白或褐色歌鸲，体重13～16.5 g；雄鸟上体青石蓝色，宽黑色过眼纹延至颈侧和胸侧，下体白；雌鸟上体橄榄褐，喉及胸褐色并具皮黄色鳞状斑纹，腰及尾上覆羽沾蓝；虹膜褐色，嘴黑色，脚粉白。

生态习性 旅鸟；地栖性鸟类，多在密林地面活动，鸣声婉转；性极机警，尾频繁上下摆动；以各类昆虫和无脊椎动物为食。

分类与分布 国内有2个亚种；其中指名亚种（*L. c. cyane*）繁殖于东北、内蒙古；迁徙见于除新疆、青海外各省；昆嵛山迁徙季节偶见，本次调查红外相机记录。

保护现状 中国"三有物种"；IUCN（2019）无危（LC）。

红喉歌鸲（上雄下雌）-赵纳勋/摄

290 红喉歌鸲 Siberian Rubythroat *Calliope calliope**

鉴别特征　中等体型（16 cm）而丰满的褐色歌鸲，体重15～27 g；具醒目白色眉纹和颊纹，尾褐色，两胁皮黄，腹部皮黄白；成年雄鸟喉部红色，雌鸟全身黄褐色；虹膜褐色，嘴深褐，脚粉褐。

生态习性　旅鸟；栖息于近溪流灌丛、草丛；典型地栖性鸟类，性孤僻而机警，地面行走寂静无声；以昆虫为食。

分类与分布　无亚种分化；繁殖于东北、内蒙古和新疆；迁徙见于除西藏外各省；昆嵛山境内迁徙季节偶见。

保护现状　国家Ⅱ级重点保护物种；IUCN（2019）无危（LC）。

*注：由*Luscinia*属归入*Calliope*属。

蓝喉歌鸲（雄）-廖小凤/摄

291 蓝喉歌鸲 Bluethroat *Luscinia svecica*

鉴别特征 中等体型（14 cm）且色彩艳丽的歌鸲，体重14~22 g；雄性喉部具栗色、蓝色及黑白色图纹，眉纹近白，上体灰褐，下体白，尾深褐；雌鸟喉白而无橘黄色及蓝色，黑色细颊纹与由黑色点斑组成的胸带相连；虹膜深褐，嘴深褐，脚粉褐。

生态习性 旅鸟；出没于近溪流灌丛或草丛，性隐匿，地面活动，鸣叫时伴随尾的上下摆动，不甚惧人。

分类与分布 国内有5个亚种；其中指名亚种（*L. s. svecica*）繁殖于东北、内蒙古东北部；迁徙见于除新疆外各省；昆嵛山迁徙季节偶见。

保护现状 中国"三有物种"；IUCN（2019）无危（LC）。

蓝喉歌鸲（雌）-向定乾/摄

红胁蓝尾鸲（雄）-张英军/摄

红胁蓝尾鸲（雌）-于晓平/摄

292 红胁蓝尾鸲 Orange-flanked Bluetail *Tarsiger cyanurus*

鉴别特征　小型（15 cm）优雅鸲鸟，体重10～11 g；雄鸟上体灰蓝，具短白色眉纹；下体白色，胸侧灰蓝，两胁橙棕；雌鸟上体橄榄褐，颏、喉、腹白色，胸缀褐色，胸侧和两胁橙红色；虹膜褐色，嘴黑，脚灰。

生态习性　旅鸟或冬候鸟；性较隐匿，栖息于阔叶林、混交林或针叶林林缘，常成对或单独活动；主要以甲虫、蛾类及其幼虫等为食。

分类与分布　无亚种分化；繁殖于东北、内蒙古东北部和新疆北部；迁徙时见于除西藏外各省；昆嵛山境内常见。

保护现状　中国"三有物种"；IUCN（2019）无危（LC）。

蓝额红尾鸲（雄）-于晓平/摄

蓝额红尾鸲（雌）-廖小凤/摄

293 蓝额红尾鸲
Blue-fronted Redstart *Phoenicuropsis frontalis**

鉴别特征　中等体型（16 cm）而艳丽的红尾鸲，体重15~25 g；雄鸟头顶至上背、喉及上胸蓝黑色，翼暗褐，中央尾羽黑色，其余尾羽栗棕色，腰、尾上覆羽及下体余部栗棕；雌鸟上体棕褐色，翼、腰、尾羽似雄鸟而色淡，下体浅棕褐色；虹膜褐色，嘴及脚黑色。

生态习性　迷鸟；在低山、丘陵、平原草坡灌丛或村庄附近树丛取食昆虫和野果；甚不怯生，一般多单独活动，喜停歇于树枝顶端或水平侧枝。

分类与分布　无亚种分化；留鸟于西北、西南、华中；昆嵛山境内偶见。

保护现状　中国"三有物种"；IUCN（2019）无危（LC）。

*注：由*Phoenicurus*属归入*Phoenicuropsis*属。

北红尾鸲(雄) - 于晓平/摄

294 北红尾鸲 Daurian Redstart *Phoenicurus auroreus*

鉴别特征 中等体型（15 cm）而色彩艳丽的红尾鸲，体重15～17 g；具明显宽大白色翼斑；雄鸟头顶、枕部暗灰色，眼先、头侧、喉、上背及翼黑褐色，身体余部棕色，中央尾羽黑褐；雌鸟尾羽棕色，翼斑近白，余部灰褐色；虹膜褐色，嘴及脚黑色。

生态习性 留鸟；主要栖息于山地、森林、林缘等多种生境，尤以居民点及附近林地、农田常见；主要以昆虫为食；繁殖期4～7月，洞穴营巢，窝卵数6～8枚，异步孵化，雌鸟孵卵，双亲育雏，雏鸟晚成。

分类与分布 国内有2个亚种；其中指名亚种（*P. a. auroreus*）广布于除新疆、西藏、青海外各省；昆嵛山境内极常见。

保护现状 中国"三有物种"；IUCN（2019）无危（LC）。

北红尾鸲(雌) - 廖小青/摄

雀形目 | 鹟科

红腹红尾鸲（雄）-于晓平/摄

295 红腹红尾鸲
White-winged Redstart *Phoenicurus erythrogastrus*

鉴别特征 体大（18 cm）而色彩醒目的红尾鸲，体重约30 g；雄鸟似北红尾鸲但体型较大，头顶及颈背灰白，尾羽栗色，翼上白斑甚大；雌鸟似欧亚红尾鸲但体型较大，褐色中央尾羽与棕色尾羽对比不强烈，翼上无白斑；虹膜褐色，嘴及脚黑色。

生态习性 旅鸟或冬候鸟；栖息于开阔而多岩的高山旷野；迁徙越冬可至低海拔河谷；性惧生而孤僻，单独或成小群活动；雄鸟常在空中颤抖双翼以显示其醒目的白色翼斑；常停歇于树枝、石块顶端，尾常频繁上下摆动；地面觅食各种昆虫。

分类与分布 无亚种分化；不常见于中国西部至西北部；文献记录昆嵛山有分布，本次调查未见。

保护现状 中国"三有物种"；IUCN（2019）无危（LC）。

红腹红尾鸲（雌）-廖小青/摄

红尾水鸲（雄）-于晓平/摄

296 红尾水鸲 Plumbeous Water Redstart *Rhyacornis fuliginosa*

鉴别特征　小型（14 cm）红尾鸲，体重15～28 g；雌雄异色；雄性通体辉蓝，翼黑褐，尾栗色；雌鸟上体灰褐，臀、腰及外侧尾羽基部白色，尾余部黑色，下体灰色布以由灰色羽缘形成的鳞状斑；虹膜深褐，嘴黑，脚褐。

生态习性　留鸟；主要栖息于山地溪流、河谷沿岸；主要以昆虫为食；繁殖期3～7月，岸边洞穴、树洞营巢，窝卵数3～6枚，雌鸟孵卵，双亲育雏，雏鸟晚成。

分类与分布　国内有2个亚种；其中指名亚种（*R. f. fuliginosa*）广布于除东北、新疆、台湾外各省；昆嵛山境内偶见。

保护现状　中国"三有物种"；IUCN（2019）无危（LC）。

红尾水鸲（雌）-廖小青/摄

红尾水鸲（雄性亚成体）-于晓平/摄

黑喉石䳭（雄）-廖小青/摄

297 黑喉石䳭 Siberian Stonechat *Saxicola maurus*

鉴别特征 中等体型（14 cm）的黑、白及赤褐色鸟，体重15～25 g；雄鸟头部及飞羽黑色，背深褐，颈及翼上具粗大白斑，腰白，胸棕色；雌鸟色较暗而无黑色，下体皮黄，仅翼上具白斑；虹膜深褐，嘴及脚黑色。

生态习性 旅鸟；分布广而适应性强的灌丛、草地鸟类，栖息在开阔环境，如农田、花园及次生灌丛，喜停歇于孤立小树桩或灌木顶端；主要以昆虫为食。

分类与分布 国内有3个亚种；其中东北亚种（*S. t. stejnegeri*）繁殖于东北；迁徙途经华北、西北至南方越冬；昆嵛山境内偶见。

保护现状 中国"三有物种"；IUCN（2019）无危（LC）。

黑喉石䳭（雌）-廖小凤/摄

蓝矶鸫（雄）-张英军/摄

298 蓝矶鸫　Blue Rock Thrush　*Monticola solitarius*

鉴别特征　中等体型（23 cm）的青石灰色矶鸫，体重约60 g；雄鸟暗蓝灰而具淡黑及近白色鳞状纹，腹部及尾下深栗色（或蓝色）；雌鸟上体灰色沾蓝，下体皮黄而密布黑色鳞状纹；虹膜褐色，嘴及脚黑色。

生态习性　夏候鸟；喜栖息于海边、库区凸出岩石、屋顶及枯树之上；多在地上觅食，常从高处直落地面捕猎，或突然飞出捕食空中昆虫；繁殖期5～7月，岩石缝隙营巢，窝卵数3～6枚，雌鸟孵卵，双亲育雏，雏鸟晚成。

分类与分布　国内有3个亚种；其中华北亚种（*M. s. philippensis*）繁殖于东北、内蒙古东北部、华北；越冬于西南、华东南、华南；昆嵛山境内偶见。

保护现状　中国"三有物种"；IUCN（2019）无危（LC）。

蓝矶鸫（雌）-张英军/摄

雀形目 | 鸫科

白喉矶鸫（雄）-张海华/摄

299 白喉矶鸫
White-throated Rock Thrush *Monticola gularis**

鉴别特征　小型（19 cm）矶鸫，体重35～40 g；雄鸟蓝色限于头顶、颈背及肩部闪斑，头侧黑，下体多橙栗色，与其他矶鸫区别在于其喉块白色；雌鸟与其他雌性矶鸫区别在于其上体具黑色粗鳞状斑纹，与虎斑地鸫区别在于其体型较小，喉白，眼先色浅，耳羽近黑；虹膜褐色，嘴近黑，脚暗橘黄。

生态习性　旅鸟；栖息于混交林、针叶林或多草多岩石地带；冬季结群，可长时间静立；主要以昆虫为食。

分类与分布　无亚种分化；繁殖于东北；迁徙途经华北、西北、华中、华东、华南至东南亚越冬；文献记录昆嵛山有分布，本次调查未见。

保护现状　中国"三有物种"；IUCN（2019）无危（LC）。

*注：原蓝头矶鸫（*M. cinclorhynchus*）的普通亚种（*M. c. gularis*）提升为种。

白喉矶鸫（雌）-韦铭/摄

灰纹鹟-于晓平/摄

灰纹鹟-张英军/摄

300 灰纹鹟 Grey-streaked Flycatcher *Muscicapa griseisticta*

鉴别特征 体型略小（14 cm）的褐灰色鹟，体重12～22 g；眼圈白，下体白，胸及两胁满布深灰色纵纹；额具狭窄白色横带，并具狭窄白色翼斑；翼长，几至尾端；虹膜褐色，嘴及脚黑色。

生态习性 旅鸟；常在针叶林、混交林树冠层活动；性惧生；以各类昆虫为食。

分类与分布 无亚种分化；繁殖于黑龙江东北部；迁徙途经华北、华中、华东、华南至东南亚、南亚越冬；昆嵛山迁徙季节偶见。

保护现状 中国"三有物种"；IUCN（2019）无危（LC）。

乌鹟-于晓平/摄

301 乌 鹟 Dark-sided Flycatcher *Muscicapa sibirica*

鉴别特征 体型略小（13 cm）的烟灰色鹟，体重9～12 g；上体深灰，胸具灰褐色带斑；下体白色，两胁深色具烟灰色杂斑；眼圈白色，喉白；下脸颊具黑色细纹；翼长至尾的2/3；虹膜深褐，嘴及脚黑色。

生态习性 旅鸟；栖息于山区或山麓森林林下植被层及林间；喜停歇于树冠下部裸露外伸的横枝；主要以昆虫为食。

分类与分布 国内有3个亚种；其中指名亚种（*M. s. sibirica*）繁殖于黑龙江东北部；迁徙途经华北、西北至南方越冬；昆嵛山境内迁徙季节偶见。

保护现状 中国"三有物种"；IUCN（2019）无危（LC）。

乌鹟-张英军/摄

302 北灰鹟 Asian Brown Flycatcher *Muscicapa dauurica*

鉴别特征 体型略小（13 cm）的灰褐色鹟，体重7～12 g；上体灰褐，下体偏白，胸侧及两胁褐灰，眼圈白色；翼尖延伸至尾中部；虹膜褐色，嘴黑色、下嘴基黄色，脚黑色。

生态习性 旅鸟；栖息于各种海拔林地；活动于树冠中下层，常从栖处飞捕食物后返回原地；主要以昆虫为食。

分类与分布 国内有2个亚种；其中指名亚种（*M. d. dauurica*）繁殖于东北北部、内蒙古东北部；迁徙途经华北、西北至南方越冬；昆嵛山境内迁徙季节偶见。

保护现状 中国"三有物种"；IUCN（2019）无危（LC）。

白眉姬鹟（雄）-于晓平/摄

303 白眉姬鹟
Yellow-rumped Flycatcher *Ficedula zanthopygia*

鉴别特征　体型较小（13 cm）的黄、白和黑色鹟，体重11～14 g；雄鸟腰、喉、胸及上腹黄色，下腹、尾下白色，其余黑色，眉线及翼斑白色；雌鸟上体暗褐，下体色较淡，腰暗黄；虹膜褐色，嘴及脚黑色。

生态习性　夏候鸟；栖息于低山丘陵和山脚地带阔叶林和针阔叶混交林；常急速短距离飞捕昆虫；繁殖期5～7月，树洞营巢，窝卵数4～7枚，异步孵化，雌鸟孵卵，双亲育雏，雏鸟晚成。

分类与分布　无亚种分化；繁殖于除宁夏、新疆、西藏外大部分地区；越冬于华南南部；昆嵛山境内偶见。

保护现状　中国"三有物种"；IUCN（2019）无危（LC）。

白眉姬鹟（雌）-张英军/摄

黄眉姬鹟（雄）-韦铭/摄

304 黄眉姬鹟 Narcissus Flycatcher *Ficedula narcissina*

鉴别特征　小型（13 cm）黑色及黄色鹟，体重11～14 g；雄鸟具显著黄色眉纹；上体黑色，腰黄，翼具白色块斑；下体橘黄；雌鸟上体橄榄灰，下体浅褐沾黄；虹膜深褐，嘴蓝黑，脚铅蓝。

生态习性　旅鸟；栖息于混交林、阔叶林和林缘灌丛；单独或成对活动；多在树冠层活动飞捕各类昆虫。

分类与分布　无亚种分化；迁徙见于华北、东南沿海各省；昆嵛山境内迁徙季节偶见。

保护现状　中国"三有物种"；IUCN（2019）无危（LC）。

鸲姬鹟（雄）-吴宗凯/摄

305 鸲姬鹟 Mugimaki Flyctcher *Ficedula mugimaki*

鉴别特征 体型略小（13 cm）的橘黄及黑白色鹟，体重约11 g；雄鸟具眼后白色眉纹，上体灰黑，具显著白色翼斑，尾基部羽缘白色；喉、胸、腹侧橘黄，腹中央至尾下覆羽白色；雌鸟上体褐色，下体似雄鸟但色淡，尾无白色；虹膜深褐，嘴暗角质色，脚深褐。

生态习性 旅鸟；栖息于阔叶林、混交林、针叶林林缘地带、林间空地；具有类似其他姬鹟的习性。

分类与分布 无亚种分化；迁徙途经东北、华北、西北至南方越冬；文献记录昆嵛山有分布，本次调查未见。

保护现状 中国"三有物种"；IUCN（2019）无危（LC）。

鸲姬鹟（雌）-吴宗凯/摄

红喉姬鹟（雄）- 于晓平/摄

306 红喉姬鹟 Taiga Flycatcher *Ficedula albicilla*

鉴别特征 体型（13 cm）较小的褐色鹟，体重11～14 g；上体黄褐色，尾羽黑褐，外侧尾羽基部白色；下体灰白色，繁殖季节雄鸟喉部橙红色；雌鸟似雄性，但喉部白色，胸沾棕黄；虹膜深褐，嘴及脚黑色。

生态习性 旅鸟；栖息于山地森林和山脚平原地带林区；性活泼但惧生，常停歇于树冠顶枝飞捕各种昆虫。

分类与分布 无亚种分化；迁徙季节见于各省；昆嵛山境内偶见。

保护现状 中国"三有物种"；IUCN（2019）无危（LC）。

红喉姬鹟（雌）- 廖小青/摄

雀形目 | 鹟科

白腹蓝鹟（雄）-张岩/摄

307 白腹蓝鹟
Blue-and-white Flycatcher *Cyanoptila cyanomelana*

鉴别特征 体型较大（17 cm）的蓝、黑及白色鹟，体重19~26 g；雄鸟脸、喉及上胸近黑，上体闪光蓝色，下胸、腹及尾下覆羽白色；雌鸟上体灰褐，两翼及尾褐，喉中心及腹部白；虹膜褐色，嘴及脚黑色。

生态习性 旅鸟；栖息于混交林、阔叶林近河谷林带；性机警怯生，单独活动；以各种昆虫为食。

分类与分布 国内有2个亚种；其中东北亚种（*C. c. intermedia*）迁徙途经东北、华北、华中、华南至东南亚越冬；昆嵛山境内偶见。

保护现状 中国"三有物种"；IUCN（2019）无危（LC）。

白腹蓝鹟（雌）-胡万新/摄

雀形目 PASSERIFORMES　戴菊科 Regulidae

戴菊-胡万新/摄
戴菊-张英军/摄

308 戴 菊 Goldcrest *Regulus regulus*

鉴别特征　体型较小（9 cm）色彩靓丽偏绿色且似柳莺的鸟，体重5~6 g；翼上具黑白色图案；顶冠纹金黄色或橙红色，侧冠纹黑色；上体全橄榄绿至黄绿色；下体偏灰或淡黄白色，两胁黄绿；虹膜深褐，嘴黑色，脚偏褐。

生态习性　冬候鸟或旅鸟；主要栖息于针叶林和针阔叶混交林树冠层；主要以各种昆虫为食，冬季兼食少量植物种子。

分类与分布　国内有5个亚种；其中东北亚种（*R. r. japonensis*）夏候鸟于中国东北，迁徙时途经华北、西北；越冬于华东南和台湾；昆嵛山境内可见。

保护现状　中国"三有物种"；IUCN（2019）无危（LC）。

雀形目 PASSERIFORMES   太平鸟科 Bombycillidae

太平鸟-于晓平/摄

309 太平鸟 Bohemian Waxwing *Bombycilla garrulus*

鉴别特征 体型略大（18 cm）的粉褐色太平鸟，体重46~64 g；尾端黄色有别于小太平鸟；通体葡萄灰色，头顶具显著长形羽冠；翅上具一道斜贯白斑，次级飞羽末端突出羽片形成蜡滴状红色点斑；尾下覆羽栗色；虹膜、嘴、脚均褐色。

生态习性 冬候鸟或旅鸟；栖息于针叶林、针阔叶混交林；冬季成群，喜停歇于树冠部；以昆虫和浆果为食。

分类与分布 国内仅有普通亚种（*B. g. centralasiae*）迁徙越冬于东北、华北、西北，偶至华东南；昆嵛山境内冬季偶见。

保护现状 中国"三有物种"；IUCN（2019）无危（LC）。

小太平鸟·张英军/摄

310 小太平鸟 Japanese Waxwing *Bombycilla japonica*

鉴别特征 体型略小（16 cm）的太平鸟，体重40～60 g；外形、色调类似太平鸟；区别在于黑色过眼纹绕过冠羽延伸至头后，臀绯红，尾端绯红色显著；次级飞羽端部无蜡样附着，但羽尖绯红，缺少黄色翼带；虹膜褐色，嘴近黑，脚褐色。

生态习性 旅鸟或冬候鸟；栖息于低山、丘陵和平原地区阔叶林、混交林和针叶林；迁徙及越冬期间成小群停歇于树冠部，常与太平鸟混群；以植物果实及种子为主食。

分类与分布 无亚种分化；繁殖于中国东北、内蒙古东北部；冬季经华北、西北南迁；昆嵛山及附近迁徙季节偶见。

保护现状 中国"三有物种"；IUCN（2019）近危（NT）。

雀形目｜太平鸟科

雀形目 PASSERIFORMES　　岩鹨科 Prunellidae

领岩鹨-于晓平/摄

311 领岩鹨　Alpine Accentor　*Prunella collaris*

鉴别特征　体大（17 cm）褐色具纵纹的岩鹨，体重31～38 g；喉白而具由黑点形成的横斑；头、颈、胸灰褐色，两肋浓栗而具纵纹；黑色大覆羽羽端白色形成两道点状翼斑；虹膜深褐，嘴近黑、下嘴基黄色，脚红褐。

生态习性　夏候鸟；一般栖息于多岩石而灌木丛生的高海拔地区；单独活动，不怯生；主要以甲虫、蚂蚁等昆虫为食，也吃其他小型无脊椎动物和植物性食物；繁殖期6～7月，石缝营巢，窝卵数3～4枚，同步孵化，雌鸟孵卵。

分类与分布　国内多达6个亚种；其中东北亚种（*P. c. erythropygia*）分布于东北、内蒙古东北北部、华北、西北等地；文献记录昆嵛山有分布，本次调查未见。

保护现状　中国"三有物种"；IUCN（2019）无危（LC）。

棕眉山岩鹨-张岩/摄

312 棕眉山岩鹨 Siberian Accentor *Prunella montanella*

鉴别特征　体型略小（15 cm）褐色斑驳的岩鹨，体重15～20 g；头部图纹醒目，头顶及头侧近黑，余部赭黄，眉纹及喉橙皮黄色而有别于褐岩鹨；虹膜黄色，嘴角质色，脚暗黄。

生态习性　冬候鸟或旅鸟；栖息于丘陵灌丛、林缘、农田荒地等，喜单独活动，藏隐于森林及灌丛林下植被；主要以昆虫为食，兼食草籽、浆果等。

分类与分布　国内仅有指名亚种（*P. m. montanella*）迁徙或越冬于东北、华北、西北地区；昆嵛山曾有文献记录，附近区域（大黑山岛）偶见。

保护现状　中国"三有物种"；IUCN（2019）无危（LC）。

雀形目 PASSERIFORMES　　雀科 Passeridae

山麻雀（雄）-于晓平/摄

313　山麻雀　Russet Sparrow　*Passer cinnamomeus**

鉴别特征　中等体型（14 cm）的艳丽麻雀，体重15～29 g；雌雄异色；雄鸟顶冠及上体鲜艳黄褐色或栗色，上背具纯黑色纵纹，喉黑，脸颊污白；雌鸟色较暗，具深色宽眼纹及奶油色长眉纹；虹膜褐色，嘴灰色（雄鸟），黄色而嘴端色深（雌鸟），脚粉褐。

生态习性　留鸟；结群栖息于开阔林地、耕地附近灌木丛；分布区与同域分布的麻雀大部分不重叠；杂食性，主食植物种子、昆虫、生活垃圾等；繁殖期4～8月，洞穴营巢，窝卵数4～6枚。

分类与分布　国内有3个亚种；其中亚种 *P. c. rutilans* 广布于华北、西北、华中、西南、华东、华南；昆嵛山境内常见。

保护现状　中国"三有物种"；IUCN（2019）无危（LC）。

*注：种名由 *Passer rutilans* 更改为 *Passer cinnamomeus*。

山麻雀（雌）-廖小青/摄　　山麻雀（上雄下雌）-张英军/摄

麻雀-时良/摄

314 麻 雀 Eurasian Tree Sparow *Passer montanus*

鉴别特征 体型略小（14 cm）矮圆而活跃的麻雀，体重20~21 g；雌雄同型；成鸟上体近褐，下体皮黄灰色，颈背具完整灰白色领环；与家麻雀及山麻雀区别在于其脸颊具明显黑色点斑且喉部黑色较少；虹膜深褐，嘴黑色，脚粉褐。

生态习性 留鸟；栖息于稀疏林地、田野和城镇居民点；在中国东部替代家麻雀成为城市鸟类的代表；杂食性，主要以禾本科植物种子为食，育雏期则以昆虫为主；繁殖期3~8月，营巢于墙洞、屋檐、烟囱等，窝卵数5~8枚，双亲孵卵育雏，雏鸟晚成。

分类与分布 国内多达7个亚种；其中普通亚种（*P. m. saturatus*）广布于华北、西北、西南、华东、华东南和华南；昆嵛山境内极常见。

保护现状 中国"三有物种"；IUCN（2019）无危（LC）。

雀形目 PASSERIFORMES　　鹡鸰科 Motacillidae

山鹡鸰 - 于晓平/摄

315　山鹡鸰　Forest Wagtail　*Dendronanthus indicus*

鉴别特征　中型（17 cm）褐色及黑白色鹡鸰，体重13～20 g；头部和上体橄榄褐色，眉纹白色；两翼黑褐并具两道黄白色斑；下体白，胸部具两道黑色横斑纹；虹膜灰色，嘴角质褐色、下嘴较淡，脚偏粉色。

生态习性　夏候鸟；栖息于开阔林地，单独或成对在开阔森林林冠下部横枝穿行，停栖时尾轻轻左右摆动，繁殖期鸣叫频繁；林间捕食，以昆虫为主；繁殖期5～6月，乔木横枝营巢，窝卵数4～6枚，雏鸟晚成。

分类与分布　无亚种分化；除西藏、新疆外见于各省；昆嵛山林区夏季常见。

保护现状　中国"三有物种"；IUCN（2019）无危（LC）。

黄鹡鸰-廖小青/摄

316 黄鹡鸰
Eastern Yellow Wagtail *Motacilla tschutschensis**

鉴别特征	中等体型（18 cm）的橄榄褐色鹡鸰，体重16~22 g；色型多样，总体似灰鹡鸰，但上体橄榄绿色或褐色；具两道黄白色翅斑；虹膜褐色，嘴褐色，脚黑褐色。
生态习性	旅鸟；多栖息于林缘、田野、溪流或村落；飞行和停歇姿势同其他鹡鸰；飞行或地面觅食各种昆虫。
分类与分布	国内有4个亚种；其中台湾亚种（*M. t. taivana*）迁徙时途经东北、华北、西北、华东南；越冬于台湾、海南；东北亚种（*M. t. macronyx*）繁殖于中国东北；迁徙时途经华北、西北、华中至南方越冬；昆嵛山迁徙季节可见。
保护现状	中国"三有物种"；IUCN（2019）无危（LC）。

★注：原黄鹡鸰*Motacilla flava*的阿拉斯加亚种（*M. f. tschutschensis*）提升为种。

黄头鹡鸰(雄) 廖小青/摄

317 黄头鹡鸰 Citrine Wagtail *Motacilla citreola*

鉴别特征 中等偏小（18 cm）的鹡鸰，体重18~28 g；背灰色，头、胸和腹部鲜黄色；外侧尾羽白色，中间尾羽黑色；虹膜深褐色，嘴及脚黑色。

生态习性 旅鸟；栖息于湖畔、河边、农田、草地、沼泽等各类生境，常成对或成小群活动，偶尔也和其他鹡鸰栖息在一起；主要以昆虫为食，偶尔也吃少量植物性食物。

分类与分布 中国有3个亚种；其中指名亚种（*M. c. citreola*）繁殖于中国北方及东北，迁徙途经包括胶东半岛在内大部分省份，越冬于华南沿海。

保护现状 中国"三有物种"；IUCN（2019）无危（LC）。

灰鹡鸰-张英军/摄

318 灰鹡鸰 Gray Wagtail *Motacilla cinerea*

鉴别特征 中等体型（19 cm）尾长偏灰色鹡鸰，体重15～17 g；眉纹白色，颏白色（雄鸟繁殖期黑色）；腹部和腰黄色；亚成体腹部偏白；上背灰色有别于黄鹡鸰；虹膜褐色，嘴黑褐，脚肉色。

生态习性 旅鸟；常栖于山区、丘陵、平原多岩石溪流、河流；习性似白鹡鸰。

分类与分布 国内仅有普通亚种（*M. c. robusta*）繁殖于东北、内蒙古和新疆北部；迁徙越冬各省可见；昆嵛山迁徙季节常见。

保护现状 中国"三有物种"；IUCN（2019）无危（LC）。

白鹡鸰（成体）-张英军/摄

319 白鹡鸰 White Wagtail *Motacilla alba*

鉴别特征　中型（20 cm）黑、白色鹡鸰，体重22~26 g；上体黑色或灰色，脸部黑白花纹多变；下体白色，尾长，外侧尾羽白色，中间尾羽黑色；雌鸟似成体但色较暗；虹膜褐色，嘴及脚黑色。

生态习性　夏候鸟或旅鸟；常单独活动于近水开阔地带；尾上下摇动；波浪状飞行，常边飞边叫；主要取食昆虫；繁殖期4~7月，地面营巢，窝卵数4~6枚，双亲孵卵育雏，雏鸟晚成。

分类与分布　国内多达7个亚种；其中东北亚种（*M. a. baicalensis*）繁殖于中国极北部；迁徙几乎各省可见；眼纹亚种（*M. a. ocularis*）迁徙途经东北、华北、西北及以南各省；普通亚种（*M. a. leucopsis*）夏候鸟或留鸟于各省；昆嵛山迁徙季节可见前两者，后者常年极为常见，但野外不易分辨。

保护现状　中国"三有物种"；IUCN（2019）无危（LC）。

白鹡鸰（亚成体）-于晓平/摄

田鹨-李飏/摄

320 田 鹨 Richard's Pipit *Anthus richardi*

鉴别特征 体型较大（18 cm）而显粗壮的鹨，体重26～28 g；上体褐色具纵纹而略显红；胸、腹部皮黄色而略沾锈红（尤其两胁），胸部有米粒状黑斑；虹膜褐色，嘴粉红褐，脚粉红，后趾爪极长。

生态习性 夏候鸟或旅鸟；栖息于开阔平原、草地以及农田和沼泽地带，单独或结小群活动；地面行走迅速，站姿较高；取食昆虫和草籽；繁殖期5～7月，地面营巢，窝卵数4～6枚，雌鸟孵卵，双亲育雏，雏鸟晚成。

分类与分布 国内有3个亚种；其中指名亚种（*A. r. richardi*）除西藏、台湾外见于各省，北部省份（东北、华北、西北各省）为夏候鸟，冬季南迁；华南亚种（*A. r. sinensis*）迁徙经过山东、西北东部、华中东部、华东、华东南及华南；昆嵛山境内两亚种均可见但不易区分。

保护现状 中国"三有物种"；IUCN（2019）无危（LC）。

布氏鹨-韦铭/摄

321 布氏鹨 Blyth's Pipit *Anthus godlewskii*

鉴别特征　体大（18 cm）的鹨类，体重约30 g；甚似田鹨及平原鹨亚成体；较理氏鹨体小而紧凑，尾较短，腿及后爪较短，嘴较短而尖利；上体纵纹较多，下体常为较单一的皮黄色；与田鹨区别在于其叫声不同，体型较大；虹膜深褐，嘴肉色，脚偏黄。

生态习性　夏候鸟；栖息于开阔湖泊、农田、果园；食物主要有昆虫、蜘蛛、蜗牛等小型无脊椎动物，此外还吃苔藓、谷粒、杂草种子等植物性食物；繁殖期5～7月，地面营巢，窝卵数4～6枚，雌鸟孵卵，双亲育雏，雏鸟晚成。

分类与分布　无亚种分化；繁殖于大兴安岭西侧经内蒙古至青海及宁夏；南迁至西藏东南部、四川及贵州，迷鸟至香港；文献记录昆嵛山及附近地区有分布，本次调查未见。

保护现状　中国"三有物种"；IUCN（2019）无危（LC）。

树鹨-于晓平/摄

322 树 鹨 Olive-backed Pipit *Anthus hodgsoni*

鉴别特征 中等体型（16 cm）的橄榄色鹨，体重21～25 g；具显著皮黄色眉纹；与其他鹨区别在于其上体少纵纹，喉及两胁皮黄，胸及两胁黑色纵纹浓密；虹膜褐色，上嘴角质色、下嘴粉色，脚粉红。

生态习性 夏候鸟；常单独或结小群活动于各类林地，也在农耕地和园林活动；常上下摆尾；以昆虫和草籽为食；繁殖期6～7月，地面营巢，窝卵数4～6枚，雌鸟孵卵。

分类与分布 国内有2个亚种；其中东北亚种（*A. h. yunnanensis*）繁殖于中国东北、内蒙古东北部；迁徙越冬于除西藏外各省；指名亚种（*A. h. hodgsoni*）繁殖于山东、西北、西南；越冬于中国东南部；昆嵛山境内两亚种均可见但野外不易区分。

保护现状 中国"三有物种"；IUCN（2019）无危（LC）。

雀形目 | 鹡鸰科

北鹨-刘璐/摄

323 北 鹨 Pechora Pipit *Anthus gustavi*

鉴别特征　中等体型（15 cm）的褐色鹨，体重约20 g；似树鹨但背部白色纵纹形成两个"V"形且褐色较浓；黑色髭纹显著；与红喉鹨区别在于背及翼具白色横斑，腹部较白且尾无白色边缘；虹膜褐色，上嘴角质色、下嘴粉红，脚粉红。

生态习性　旅鸟；喜开阔湿草地、河滩、沼泽、居民区；成对活动，常上下摆尾；地面觅食，以昆虫和草籽为食。

分类与分布　国内有2个亚种；其中指名亚种（*A. g. gustavi*）迁徙途经东北、华北、西北、华东南及华南地区；昆嵛山境内偶见。

保护现状　中国"三有物种"；IUCN（2019）无危（LC）。

粉红胸鹨（夏羽）-于晓平/摄

粉红胸鹨（冬羽）-廖小青/摄

324 粉红胸鹨 Rosy Pipit *Anthus roseatus*

鉴别特征　中型（15 cm）偏灰而具纵纹的鹨，体重18～27 g；眉纹显著，粉红（繁殖期）或皮黄（非繁殖期）；繁殖期下体粉红而几无纵纹；非繁殖期背灰而具黑色粗纵纹，胸及两胁具浓密黑色点斑或纵纹；虹膜暗褐色，嘴灰色，脚偏粉色。

生态习性　夏候鸟；栖息于山地草甸、灌丛、河谷、农田等多种生境；多成对或十几只小群活动，性活跃，不惧人；主食昆虫，兼食植物种子；繁殖生物学资料缺乏。

分类与分布　无亚种分化；广布于华北、西北、西南和华东南；昆嵛山境内可见。

保护现状　中国"三有物种"；IUCN（2019）无危（LC）。

红喉鹨 韦铭/摄

325 红喉鹨 Red-throated Pipit *Anthus cervinus*

鉴别特征 中型（15 cm）褐色鹨，体重17～25 g；夏羽喉部粉红，上体灰褐且具黑褐色羽干纹；雌鸟与雄鸟大致相似，但喉为暗粉红色，其余下体皮黄白色；虹膜褐色，嘴角质色，基部黄色，脚肉色。

生态习性 旅鸟；栖息于灌丛、草甸、平原等生境；多成对活动于草地、农田或岩石；夏季以昆虫为食，冬季取食果实、种子。

分类与分布 无亚种分化；迁徙途经除宁夏、青海、西藏外各省；文献记录昆嵛山有分布，本次调查未见。

保护现状 中国"三有物种"；IUCN（2019）无危（LC）。

黄腹鹨-于晓平/摄

326 黄腹鹨 Buff-bellied Pipit *Anthus rubescens*

鉴别特征 中等体型（15 cm）的鹨类，体重15~25 g；似树鹨但上体褐色浓重，胸及两胁具粗著浓密黑色纵纹，颈侧具近黑色块斑；头顶具细密黑褐色纵纹，至背部纵纹逐渐不明显；虹膜褐色，上嘴角质色、下嘴偏粉色，脚暗黄。

生态习性 旅鸟；主要栖息于阔叶林、混交林和针叶林；迁徙和越冬偏好近溪流湿草地；性活跃，频繁在地上或灌丛中觅食昆虫和植物种子。

分类与分布 国内仅有日本亚种（*A. r. japonicus*）迁徙途经除青海、西藏外各省；文献记录昆嵛山有分布，本次调查未见。

保护现状 中国"三有物种"；IUCN（2019）无危（LC）。

327 水 鹨 Water Pipit *Anthus spinoletta*

鉴别特征 中等体型（15 cm）灰褐色具纵纹的鹨，体重18~27 g；头顶具细纹，眉纹乳白色；繁殖羽下体橙黄色，胸部色深仅两侧具模糊纵纹；冬羽胸部纵纹浓密；虹膜褐色，嘴略黑，冬季下嘴粉红，脚黑色。

生态习性 旅鸟；栖息于高山草甸或近溪流草地；单个或成对地面活动；主食昆虫，兼食植物种子。

分类与分布 国内仅新疆亚种（*A. s. coutellii*）繁殖于新疆西北部、内蒙古；迁徙途经华北、西北至南方越冬；昆嵛山及附近地区（威海）迁徙季节常见。

保护现状 中国"三有物种"；IUCN（2019）无危（LC）。

雀形目 PASSERIFORMES　燕雀科 Fringillidae

燕雀-田宁朝/摄

燕雀（亚成体）-于晓平/摄

328 燕　雀　Brambling　*Fringilla montifringilla*

鉴别特征　中等体型（16 cm）斑纹分明且敦实的雀，体重18~28 g；成年雄性胸部棕色，头及颈背黑色，两翼及尾黑，具醒目白色肩斑和棕色翼斑；下体白色；非繁殖期雄鸟与繁殖期雌鸟类似，但头部图纹显著灰褐近黑色；虹膜褐色，嘴黄而端黑，脚粉褐。

生态习性　冬候鸟；冬季常见于混交林、人工林、居民点附近果园等处；迁徙和越冬期成群活动，可形成数百只的大群，晚上多在树冠部过夜；喜跳跃和波浪状飞行；主要以草籽、果实、种子等为食。

分类与分布　无亚种分化；除宁夏、青海、西藏和海南外广布各省；昆嵛山及附近地区冬季常见。

保护现状　中国"三有物种"；IUCN（2019）无危（LC）。

锡嘴雀-乖晓平/摄

329 锡嘴雀 Hawfinch *Coccothraustes coccothraustes*

鉴别特征 体大（17 cm）而略显肥胖的偏褐色雀，体重45～65 g；雌雄几同型；圆锥状嘴粗大而尾短；白色肩斑醒目；成体具狭窄黑色眼罩；两翼闪灰蓝黑色光泽（雌鸟偏灰），翼尖极度弯曲；尾暖褐色而略凹，尾端白色狭窄；虹膜褐色，嘴角质色近黑，脚粉褐。

生态习性 旅鸟；主要栖息于低山、丘陵和平原等地；喜安静而警戒心强，多单独或成对活动，非繁殖期喜结群；主要以植物果实、种子为食，也吃昆虫。

分类与分布 国内有2个亚种；其中指名亚种（*C. c. coccothraustes*）繁殖于东北和新疆；迁徙越冬于除西藏、海南、云南外各省；昆嵛山及附近地区迁徙季节可见。

保护现状 中国"三有物种"；IUCN（2019）无危（LC）。

黑尾蜡嘴雀（左雌右雄）-于晓平/摄

330 黑尾蜡嘴雀 Chinese Grosbeak *Eophona migratoria*

鉴别特征　体大（17 cm）而显敦实的雀，体重40～60 g；圆锥状嘴粗大；雄鸟繁殖期具黑色头罩，体灰，两翼近黑；雌性头部黑色少；与黑头蜡嘴雀区别在于其嘴端黑色；虹膜褐色，嘴深黄而端黑，脚粉褐。

生态习性　夏候鸟（部分旅鸟）；树栖性，性活泼而大胆，不甚怕人；活动于林缘疏林、河谷、果园、城市公园以及农田地边和庭院；主要以种子、果实、草籽等为食，也吃部分昆虫；繁殖期5～7月，营杯状巢于乔木冠部，窝卵数3～7枚，雌雄共同育雏，晚成鸟。

分类与分布　国内分化为2个亚种；其中指名亚种（*E. m. migratoria*）繁殖于中国东北、华北；迁徙时途经除宁夏、青海、新疆、西藏、海南之外其他省份；昆嵛山及附近地区夏季和迁徙季节偶见。

保护现状　中国"三有物种"；IUCN（2019）无危（LC）。

黑头蜡嘴雀-张英军/摄

331 黑头蜡嘴雀 Japanese Grosbeak *Eophona personata*

鉴别特征　体型大（20 cm）而肥胖的雀，体重65～95 g；雌雄同色而具硕大嘴峰，似雌性黑尾蜡嘴雀但嘴更大且全黄；具与黑尾蜡嘴雀近似的黑色头罩；虹膜深褐，嘴黄色，脚粉褐。

生态习性　旅鸟；较其他蜡嘴雀偏好低海拔地区；主要栖息于平原和丘陵溪边灌丛、草丛、次生林、农田和果园；怯生而安静，除繁殖期外多集群活动；主要以植物性食物为食（繁殖期也食昆虫）。

分类与分布　国内有2个亚种；其中东北亚种（*E. p. magnirostris*）繁殖于东北北部；迁徙时途经华北、西北、华中至华南越冬；昆嵛山及附近地区迁徙季节偶见。

保护现状　中国"三有物种"；IUCN（2019）无危（LC）。

红腹灰雀（雌）-张英军/摄

332 红腹灰雀 Eurasian Bullfinch *Pyrrhula pyrrhula*

鉴别特征　中等体型（14.5 cm）而敦实的灰雀，体重20～35 g；嘴厚稍带钩；顶冠及眼罩辉黑；雄鸟背灰臀白，下体基调灰色而呈差异性粉色；醒目近白色翼斑与黑色翼成显著对比；雌鸟似雄鸟但暖褐色取代粉色；虹膜褐色，嘴黑色，脚黑褐。

生态习性　冬候鸟（罕见）；栖息于低海拔针阔混交林和灌木丛、果园和花园；冬季成小群；生态学资料缺乏。

分类与分布　国内有2个亚种；其中东北亚种（*P. p. cassini*）越冬于东北和华北；昆嵛山冬季罕见。

保护现状　中国"三有物种"；IUCN（2019）无危（LC）。

普通朱雀（雄）-于晓平/摄　　普通朱雀（雌）-廖小青/摄

333 普通朱雀 Common Rosefinch *Carpodacus erythrinus*

鉴别特征　体型略小（15 cm）似麻雀而头红的朱雀，体重18～30 g；繁殖期雄鸟头、胸、腰及翼斑多具鲜亮红色，雌鸟无粉红，上体清灰褐色，下体近白；雄鸟与其他朱雀区别在于其红色鲜亮，无眉纹，腹白，脸颊及耳羽色深；虹膜深褐，嘴灰色，脚近黑。

生态习性　夏候鸟；栖息于混交林、针叶林和草甸带；常单独、成对或结小群活动；春季以白桦嫩叶、杨树叶芽等为食，夏季以鞘翅目昆虫为主食，秋季则以浆果、种子及昆虫为食；繁殖期5～7月，窝卵数4～5枚。

分类与分布　国内有2个亚种；其中普通亚种（*C. e. roseatus*）广泛分布于新疆西北部及西部、整个青藏高原及其东部外缘至宁夏、湖北及云南北部；越冬在中国西南热带山地；东北亚种（*C. e. grebnitskii*）繁殖于中国东北呼伦池及大兴安岭，迁徙时可能经过昆嵛山地区；文献记录昆嵛山有分布，本次调查未见。

保护现状　中国"三有物种"；IUCN（2019）无危（LC）。

长尾雀(雄)-于晓平/摄

334 长尾雀 Long-tailed Rosefinch *Carpodacus sibiricus*

鉴别特征　中等体型（17 cm）而尾长的雀鸟，体重16～26 g；嘴甚粗厚；繁殖期雄鸟脸、腰及胸粉红，额及颈背苍白，两翼多具白色，上背褐色而具近黑色且边缘粉红纵纹；雌鸟具灰色纵纹，腰及胸棕色；虹膜褐色，嘴浅黄，脚灰褐。

生态习性　旅鸟；多见于低矮灌丛、柳丛、蒿草丛、公园、苗圃；成鸟常单独或成对活动，幼鸟结群，取食行为似金翅雀。

分类与分布　国内有4个亚种；其中东北亚种（*C. s. ussuriensis*）于中国东北部以南为候鸟或旅鸟；文献记录昆嵛山有分布，本次调查未见。

保护现状　中国"三有物种"；IUCN（2019）无危（LC）。

北朱雀（雄）-李思琪/摄

335 北朱雀 Pallas's Rosefinch *Carpodacus roseus*

鉴别特征 中等大小（16 cm）而体型矮胖的朱雀，体重15~20 g；雄鸟大体粉红色，额和喉具银白色鳞状羽，两翼和尾深褐色并镶以粉红色边缘，翼上有两道淡粉色横斑；雌鸟头顶及下体棕黄色，并具黑色羽干纹；虹膜褐色，嘴近灰，脚褐色。

生态习性 冬候鸟；栖息于山区混交林、阔叶林以及平原地区杂木林；喜集群，多以家族群迁徙；主要以各种野生植物果实、种子和嫩芽等为食，也吃谷物种子。

分类与分布 国内仅有指名亚种（*C. r. roseus*）越冬于东北、华北、西北、华中至东南；文献记录昆嵛山及附近有分布，本次调查未见。

保护现状 中国"三有物种"；IUCN（2019）无危（LC）。

北朱雀（雌）-李思琪/摄

金翅雀·张英军/摄

336 金翅雀 Grey-capped Greenfinch *Chloris sinica*

鉴别特征 小型（13 cm）黄、灰及褐色雀鸟，体重15～22 g；雄鸟冠部、颈背灰色，背部纯褐，翼斑、外侧尾羽基部及臀部黄色；雌鸟色暗；虹膜深褐，嘴偏粉，脚粉褐。

生态习性 留鸟；常单独或成对活动，冬季成群；飞翔迅速，两翅扇动甚快并伴有悦耳的"啾啾"鸣叫声；主要以植物果实、种子、草籽等为食；繁殖期3～8月，乔木或灌木上营杯状巢，窝卵数4～5枚，雌鸟孵化，双亲育雏，雏鸟晚成。

分类与分布 国内有3个亚种；其中指名亚种（*C. s. sinica*）分布于华北、西北、华中至华南地区；昆嵛山附近常见。

保护现状 中国"三有物种"；IUCN（2019）无危（LC）。

白腰朱顶雀-李思琪/摄

337 白腰朱顶雀 Common Redpoll *Acanthis flammea*

鉴 别 特 征　小型（14 cm）灰褐色雀，体重10～15 g；头顶具红色点斑；繁殖羽似极北朱顶雀但褐色较浓且多纵纹，胸部粉红延伸至脸侧；腰灰褐并具黑色纵纹，有别于极北朱顶雀的白色；非繁殖期雄鸟具粉红色鳞状斑，雌鸟似雄鸟但胸无粉红；虹膜深褐，嘴黄，脚黑。

生 态 习 性　冬候鸟；栖息于溪边树丛、林缘农田、果园；喜群居，不惧人；地面觅食，以植物种子和昆虫为食。

分类与分布　国内仅有指名亚种（*A. f. flammea*）越冬于东北、华北和西北；文献记录昆嵛山有分布，本次调查未见。

保 护 现 状　中国"三有物种"；IUCN（2019）无危（LC）。

红交嘴雀（上雄下雌）- 廖小青/摄

338 红交嘴雀 Red Crossbill *Loxia curvirostra*

鉴别特征 中等体型（16 cm）的雀，体重30～45 g；嘴峰上下侧交有别于其他任何燕雀科鸟类；雄性体色从橘黄、玫瑰红到猩红色而带黄色调；雌鸟体色呈橄榄绿；虹膜深褐，嘴及脚近黑。

生态习性 留鸟；栖息于寒温针叶林带各种林型，冬季游荡且部分鸟结群迁徙；飞行迅速而呈波浪状，倒悬觅食落叶松种子；6～8月繁殖，营巢于高大乔木侧枝，巢杯状，窝卵数3～5枚，雌鸟孵卵，双亲育雏，晚成鸟。

分类与分布 国内有4个亚种；其中东北亚种（*L. c. japonica*）繁殖于东北、华北、西北；文献记录昆嵛山有分布，本次调查未见。

保护现状 国家Ⅱ级重点保护鸟类；IUCN（2019）无危（LC）。

黄雀(雄)-张英军/摄
黄雀(雌)-田宁朝/摄

339 黄 雀 Eurasian Siskin *Spinus spinus*

鉴别特征 体型甚小（11 cm）的雀鸟，体重10~15 g；嘴峰较短；成体雄性冠部及颏部黑色，头侧、腰及尾基亮黄色，翼上具显著黑、黄色条纹，雌鸟色暗多纵纹，顶冠无黑色；虹膜深褐，嘴粉色，脚黑色。

生态习性 旅鸟；栖息环境比较广泛，山区或平原都可见到；活泼好动，迁徙季节和冬季成群；以植物种子和果实为主要食物，兼食少量昆虫。

分类与分布 无亚种分化；繁殖于东北北部；迁徙和越冬于除宁夏、青海、西藏、云南、海南外各省；昆嵛山迁徙季节常见。

保护现状 中国"三有物种"；IUCN（2019）无危（LC）。

雀形目 PASSERIFORMES 铁爪鹀科 Calcariidae

铁爪鹀 于晓平/摄

340 铁爪鹀 Lapland Longspur *Calcarius lapponicus*

鉴别特征　中等体型（16 cm）且敦实的鹀类，体重20～30 g；头大而尾短，后趾、爪甚长；繁殖期雄鸟脸及胸黑色，颈背棕色；头侧具白色"之"字形图案；雌鸟特征不显著；非繁殖羽成体顶冠具细纹，翼上羽缘亮棕色；虹膜栗褐，嘴黄而端部色深，脚深褐。

生态习性　旅鸟；冬季栖息于沼泽、草地、平原；群栖，常与云雀混群；不甚惧人，习性似百灵；地面活动，觅食各种草籽。

分类与分布　国内仅有东北亚种（*C. l. coloratus*）迁徙途经东北、华北至华中越冬；文献记录昆嵛山有分布，本次调查未见。

保护现状　中国"三有物种"；IUCN（2019）无危（LC）。

雀形目 PASSERIFORMES　　鹀科 Emberizidae

三道眉草鹀（左雄右雌）-于晓平/摄

341 三道眉草鹀　Meadow Bunting　*Emberiza cioides*

鉴别特征　体型略大（16 cm）的棕色鹀类，体重20～28 g；具显著黑白色头部图纹和栗色胸带；繁殖期雄性脸部具别致褐色及黑白色羽纹；虹膜深褐，上嘴色深、下嘴蓝灰，脚粉褐。

生态习性　留鸟；栖息于高山、丘陵、山谷及平原等地；杂食性，夏季以昆虫为主，冬季以植物性食物为主；5月开始繁殖，有鸣唱占区行为，巢呈碗状，藏匿于地面草丛，窝卵数4～5枚，雌鸟孵化，双亲育雏，晚成鸟。

分类与分布　国内有4个亚种；其中普通亚种（*E. c. castaneiceps*）常见于华北、西北经西南至华中、华东、东南（包括台湾）和华南；昆嵛山及附近地区极常见。

保护现状　中国"三有物种"；IUCN（2019）无危（LC）。

白眉鹀-王小平/摄

342 白眉鹀 Tristram's Bunting *Emberiza tristrami*

鉴别特征　中等体型（15 cm）的鹀类，体重15～20 g；雄鸟头具显著条纹，喉黑，腰棕色而无纵纹；雌鸟色暗，图纹似繁殖期雄鸟，颜色浅；虹膜深栗褐，上嘴蓝灰、下嘴偏粉色，脚浅褐。

生态习性　旅鸟；栖息于隐秘林下灌丛，安静而怯生；成小群在地面或树上活动；食物以昆虫为主，兼食草籽和浆果。

分类与分布　无亚种分化；繁殖于东北极北部；迁徙和越冬于除宁夏、新疆、青海、西藏、海南外各省；昆嵛山及附近地区迁徙季节偶见。

保护现状　中国"三有物种"；IUCN（2019）无危（LC）。

栗耳鹀-于晓平/摄

343 栗耳鹀 Chestnut-eared Bunting *Emberiza fucata*

鉴别特征 中等体型（16 cm）的鹀类，体重16~27 g；繁殖期雄鸟耳羽栗色，顶冠及颈侧灰色；雌鸟色淡，耳羽及腰多棕色，尾侧多白；虹膜深褐，上嘴黑色具灰色边缘、下嘴蓝灰且基部粉红，脚粉红。

生态习性 旅鸟；栖息于山区河谷沿岸草甸、灌丛；植食性为主；其他生物学资料缺乏。

分类与分布 国内有3个亚种；其中指名亚种（*E. f. fucata*）除青海、新疆、西藏外见于各省；昆嵛山及附近地区迁徙季节偶见。

保护现状 中国"三有物种"；IUCN（2019）无危（LC）。

344 小鹀 Little Bunting *Emberiza pusilla*

鉴别特征 小型（13 cm）鹀类，体重14～20 g；雌雄同型；头具条纹，耳羽及顶冠纹暗栗色；上体褐色具深色纵纹，下体偏白，胸及两胁有黑色纵纹；虹膜深红褐，嘴灰色，脚红褐。

生态习性 旅鸟；栖息于针叶林、混交林、阔叶林等多种林下隐秘生境；常与鹀类混群；植食性为主，兼食动物性食物。

分类与分布 无亚种分化；广布于全国各省；昆嵛山及附近地区迁徙季节常见。

保护现状 中国"三有物种"；IUCN（2019）无危（LC）。

黄眉鹀（雄）-张英军/摄

黄眉鹀（雌）-于晓平/摄

345 黄眉鹀 Yellow-browed Bunting *Emberiza chrysophrys*

鉴别特征　小型（15 cm）鹀类，体重15～25 g；头具条纹，似白眉鹀但眉纹前半部黄色；黑色下颊纹比白眉鹀明显；下体白而多纵纹；与冬季灰头鹀区别在于其腰棕色；虹膜深褐，嘴粉色，嘴峰及下嘴端灰色，脚粉红。

生态习性　旅鸟；栖息于林缘次生灌丛，常与其他鹀类混群；安静惧生，地面活动；杂食性。

分类与分布　无亚种分化；迁徙途经东北、华北、华中至华南越冬；迁徙季节偶见于荣成、昆嵛山及附近地区。

保护现状　中国"三有物种"；IUCN（2019）无危（LC）。

田鹀(雄)-张岩/摄

田鹀(雌)-王小平/摄

346 田　鹀　Rustic Bunting　*Emberiza rustica*

鉴别特征　体型略小（14.5 cm）的鹀类，体重20～25 g；雄鸟略具羽冠，头具黑白色条纹，颈背、胸带、两胁纵纹及腰棕色，腹部白色；雌鸟脸颊皮黄色具白斑；虹膜深栗褐，嘴深灰，基部粉灰，脚偏粉色。

生态习性　旅鸟；栖息于平原杂木林、人工林、灌木丛和沼泽草甸；常与灰头鹀、黄胸鹀混群；地面活动，植食性为主。

分类与分布　国内仅指名亚种（*E. r. rustica*）迁徙途经东北、华北、西北、西南、华中至华南、华东南越冬；迁徙季节昆嵛山地区偶见。

保护现状　中国"三有物种"；IUCN（2019）易危（VU）。

黄喉鹀（雄）- 廖小凤/摄

347 黄喉鹀 Yellow-throated Bunting *Emberiza elegans*

鉴别特征 中等体型（15 cm）的鹀类，体重13～24 g；雄性头部图纹黑色、黄色相间明显，具短羽冠；雌鸟色暗，褐色取代黑色，皮黄色取代黄色；虹膜深栗褐，嘴近黑，脚浅灰褐。

生态习性 夏候鸟；栖息于低山丘陵次生林、阔叶林、针阔叶混交林林缘灌丛；地面觅食昆虫及其幼虫；繁殖期5～7月，地面、地上均可营巢，窝卵数5～6枚，双亲共同孵化育雏，雏鸟晚成。

分类与分布 国内有3个亚种；其中东北亚种（*E. e. ticehursti*）繁殖于东北、内蒙古；迁徙时途经华北、西北、华中至华南；昆嵛山及附近地区常见。

保护现状 中国"三有物种"；IUCN（2019）无危（LC）。

黄喉鹀（雌）- 廖小青/摄

黄胸鹀（左雌右雄）-姚东武/摄

348 黄胸鹀　Yellow-breasted Bunting　*Emberiza aureola*

鉴别特征　小型（15 cm）鹀类，体重20～26 g；繁殖期雄鸟顶冠及颈背栗色，脸及喉黑，翼角具白色横纹；雌鸟顶纹浅沙色，两侧有深色侧冠纹；虹膜深栗褐，上嘴灰色、下嘴粉褐，脚淡褐。

生态习性　旅鸟；栖息于低山丘陵和开阔平原地带灌丛、草甸；冬季成大群且与其他小型鸟类混群；主要以昆虫为食，兼食植物性食物。

分类与分布　国内有2个亚种；其中指名亚种（*E. a. aureola*）除西藏、海南外见于各省；东北亚种（*E. a. ornata*）除新疆、西藏、青海、云南外见于各省；文献记录昆嵛山分布指名亚种，本次调查未见；从迁徙路线考虑，东北亚种应途经胶东半岛，野外难以分辨。

保护现状　国家Ⅰ级重点保护物种；IUCN（2019）极危（CR）。

黄胸鹀（雄繁殖羽）-姚东武/摄

栗鹀（雄）-廖小青/摄

349 栗鹀 Chestnut Bunting *Emberiza rutila*

鉴别特征　小型（15 cm）鹀类，体重15～22 g；繁殖期雄鸟头、上体及胸栗色而腹部黄色，非繁殖期体色较暗；雌鸟顶冠、上背、胸及两胁具深色纵纹；虹膜深栗褐，嘴偏褐色或角质蓝色，脚淡褐。

生态习性　旅鸟；栖息于山麓或田间树上以及湖畔或沼泽地柳林、灌丛或草甸，冬季见于林缘及农耕区；迁徙和越冬季节成群，不惧生；植物性食物为主。

分类与分布　无亚种分化；繁殖于东北极北部；迁徙途经除西藏、青海、海南外各省；迁徙季节昆嵛山、威海常见。

保护现状　中国"三有物种"；IUCN（2019）无危（LC）。

灰头鹀（雄）-张英军/摄

350 灰头鹀 Black-faced Bunting *Emberiza spodocephala*

鉴别特征 小型（14 cm）黑色、黄色鹀类，体重14～25 g；繁殖期雄鸟头、颈背和喉灰色；上体浓栗色而带显著黑色纵纹；下体浅黄；雌雄冬羽头橄榄色；虹膜深栗色，上嘴近黑而具浅色边缘、下嘴偏粉而端部色深，脚粉褐。

生态习性 夏候鸟（旅鸟）；栖息于山区河谷溪流两岸、平原沼泽地疏林和灌丛；繁殖期常站立枝头鸣唱；冬季成群，地面觅食，杂食性；5～6月繁殖，营杯状巢于矮灌木，窝卵数4～6枚，双亲育雏，晚成鸟。

分类与分布 国内有3个亚种；其中指名亚种（*E. s. spodocephala*）繁殖于中国东北和内蒙古东北部；迁徙途经新疆、西藏外其他省份；西北亚种（*E. s. sordida*）繁殖于华北、西北；越冬于西南、东南至华南；昆嵛山繁殖期少量分布（西北亚种），迁徙季节可见（指名亚种）。

保护现状 中国"三有物种"；IUCN（2019）无危（LC）。

灰头鹀（雌）-于晓平/摄

苇鹀（雄）-张岩/摄

351 苇鹀 Pallas's Bunting *Emberiza pallasi*

鉴别特征 小型（14 cm）鹀类，体重11～16 g；头黑；雄鸟颈圈白而下体灰，上体具灰及黑色横斑；雌鸟浅沙皮黄色，头顶、上背、胸及两胁具深色纵纹；尾较长；虹膜深栗，嘴灰黑，脚粉褐。

生态习性 旅鸟；栖息于平原沼泽及溪流旁柳丛、芦苇丛及灌丛；植食性为主，兼食昆虫。

分类与分布 国内有2个亚种；其中东北亚种（*E. p. polaris*）繁殖于东北极北部；迁徙途经东北、华北、华中至华南越冬；昆嵛山及附近地区迁徙季节偶见。

保护现状 中国"三有物种"；IUCN（2019）无危（LC）。

苇鹀（雌）-廖小青/摄

红颈苇鹀（左雄右雌）-赵纳勋/摄

352 红颈苇鹀 Ochre-rumped Bunting *Emberiza yessoensis*

鉴别特征　体型略小（15 cm）的鹀类，体重12~21 g；繁殖期雄鸟头黑，似芦鹀和苇鹀但无白色下髭纹，腰及颈背棕色；繁殖期雌鸟似雄鸟，头部图纹似芦鹀但下体少纵纹且色浅；虹膜深栗，嘴近黑，脚偏粉。

生态习性　旅鸟；栖息于芦苇丛、多草沼泽和湿草甸，越冬于沿海沼泽；非繁殖期集群；觅食禾本科植物种子和昆虫。

分类与分布　国内仅有东北亚种（*E. y. continentalis*）繁殖于东北；迁徙途经华北、华中至华南越冬；文献记录昆嵛山有分布，本次调查未见。

保护现状　中国"三有物种"；IUCN（2019）近危（NT）。

芦鹀（雌）-于晓平/摄

353 芦 鹀
Reed Bunting *Emberiza schoeniclus*

鉴别特征　体型略小（15 cm）而头黑的鹀类，体重15～27 g；具醒目白色下髭纹；繁殖期雄鸟上体多棕色；雌鸟及非繁殖期雄鸟头部黑色浅淡，头顶及耳羽具杂斑，眉线皮黄；虹膜栗褐，嘴黑色，脚深褐至粉褐。

生态习性　旅鸟；栖息于高芦苇地，冬季至平原沼泽地和湖沼沿岸低地灌、草丛；冬季集群，性活泼惧生；杂食性。

分类与分布　国内有7个亚种；其中疆西亚种（*E. s. pallidior*）迁徙途经山东、内蒙古、新疆至华中、华南越冬；文献记录昆嵛山有分布，本次调查未见。

保护现状　中国"三有物种"；IUCN（2019）无危（LC）。

芦鹀（左雄右雌）-吴宗凯/摄

附表　昆嵛山鸟类名录

序号	中文名	拉丁名	居留型	区系成分	分布状况	栖息地类型	国家保护级别	IUCN 濒危等级	备注
I. 鸡形目 GALLIFORMES									
(一) 雉科 Phasianidae									
1	石鸡	*Alectoris chukar*	R	Pr	昆嵛山	低山丘陵多岩石地带	Sy	LC	近年来消失
2	鹌鹑	*Coturnix japonica*	S	Gb	荣成	农田、草地	Sy	NT	保护区周边
3	环颈雉	*Phasianus colchicus*	R	Gb	广布	农田、果园、阔叶林	Sy	LC	
II. 雁形目 ANSERIFORMES									
(二) 鸭科 Anatidae									
4	鸿雁	*Anser cygnoid*	P	—	昆嵛山、荣成	湖泊、水库、农田	II	VU	文献记录
5	豆雁	*A. fabalis*	P	—	威海、荣成	湖泊、水库、农田	Sy	LC	
6	短嘴豆雁	*A. serrirostris*	P	—	荣成	湖泊、滨海湿地、农田	Sy	LC	
7	白额雁	*A. albifrons*	P	—	荣成	湖泊、滩涂、农田	II	LC	
8	灰雁	*A. anser*	P	—	荣成	湖泊、滩涂、农田	Sy	LC	
9	黑雁	*Branta bernicla*	W	—		滨海港湾、河口	Sy	LC	
10	疣鼻天鹅	*Cygnus olor*	W	—	烟台、荣成	河流、海滨滩涂	II	NT	
11	大天鹅	*C. cygnus*	W	—	烟台、荣成	海滨滩涂、河流	II	NT	
12	小天鹅	*C. columbianus*	W	—	荣成	海滨滩涂	II	NT	
13	翘鼻麻鸭	*Tadorna tadorna*	W	—	广布	水库、河流、鱼塘	Sy	LC	
14	赤麻鸭	*T. ferruginea*	W	—	广布	河流、水库、滩涂	Sy	LC	
15	鸳鸯	*Aix galericulata*	W	—	昆嵛山	水库	II	NT	少量繁殖
16	赤膀鸭	*Mareca strepera*	W	—	广布	水库、河流、滩涂	Sy	LC	
17	罗纹鸭	*M. falcata*	P	—	昆嵛山	水库、河流	Sy	NT	
18	赤颈鸭	*M. penelope*	W	—	广布	水库、鱼塘、河流	Sy	LC	
19	绿头鸭	*Anas platyrhynchos*	W	—	广布	水库、河流、鱼塘	Sy	LC	

续表

序号	中文名	拉丁名	居留型	区系成分	分布状况	栖息地类型	国家保护级别	IUCN濒危等级	备注
20	斑嘴鸭	A. zonorhyncha	W	—	广布	水库、河流、鱼塘	Sy	LC	
21	针尾鸭	A. acuta	W	—	昆箭山、荣成	水库、海滨	Sy	LC	
22	绿翅鸭	A. crecca	W	—	广布	水库、鱼塘、河流	Sy	LC	
23	琵嘴鸭	Spatula clypeata	W	—	荣成	海滨鱼塘	Sy	LC	
24	白眉鸭	S. querquedula	P	—	昆箭山	水库、河流	Sy	LC	
25	花脸鸭	Sibirionetta formosa	P	—	昆箭山	水库、河流	II	NT	
26	红头潜鸭	Aythya ferina	W	—	广布	河流、海滨、水库	Sy	LC	
27	凤头潜鸭	A. fuligula	W	—	荣成	河流、水库、海滨	Sy	LC	
28	鹊鸭	Bucephala clangula	P	—	烟台、荣成	海滨、水库、河流	Sy	LC	
29	斑头秋沙鸭	Mergellus albellus	P	—	昆箭山	海滨	II	LC	
30	普通秋沙鸭	Mergus merganser	P	—	烟台	海滨	Sy	LC	
31	红胸秋沙鸭	M. serrator	P	—	烟台	海滨	Sy	LC	
32	中华秋沙鸭	M. squamatus	P	—	昆箭山	海滨	I	EN	文献记录
III. 䴙䴘目 PODICIPEDIFORMES									
(三) 䴙䴘科 Podicipedidae									
33	小䴙䴘	Tachybaptus ruficollis	R	Pr	广布	水库、河流、鱼塘	Sy	LC	
34	凤头䴙䴘	Podiceps cristatus	R	Gb	广布	水库、河流、鱼塘	Sy	LC	
35	角䴙䴘	P. auritus	P	Pr	昆箭山	水库、河流、鱼塘	II	NT	文献记录
36	黑颈䴙䴘	P. nigricollis	P	—	昆箭山	水库、河流、鱼塘	II	LC	文献记录
VI. 鸽形目 COLUMBIFORMES									
(四) 鸠鸽科 Columbidae									
37	岩鸽	Columba rupestris	R	Pr	广布	多岩石山地	Sy	LC	
38	山斑鸠	Streptopelia orientalis	R	Gb	广布	农田、村镇	Sy	LC	
39	灰斑鸠	S. decaocto	R	Pr	昆箭山	农田、果园、次生林	Sy	LC	文献记录
40	火斑鸠	S. tranquebarica	R	Or	昆箭山	农田、果园、次生林	Sy	LC	文献记录

续表

序号	中文名	拉丁名	居留型	区系成分	分布状况	栖息地类型	国家保护级别	IUCN 濒危等级	备注
41	珠颈斑鸠	S. chinensis	R	Or	广布	农田、果园、次生林	Sy	LC	
V. 夜鹰目 CAPRIMULGIFORMES									
(五) 夜鹰科 Caprimulgidae									
42	普通夜鹰	Caprimulgus indicus	S	Gb	广布	林地	Sy	LC	
(六) 雨燕科 Apodidae									
43	白喉针尾雨燕	Hirundapus caudacutus	S	Gb	昆嵛山	林地、林缘、开阔地	Sy	LC	文献记录
44	普通雨燕	Apus apus	S	Pr	昆嵛山	城镇建筑	Sy	LC	文献记录
45	白腰雨燕	A. pacificus	S	Gb	昆嵛山	山涧开阔地	Sy	LC	文献记录
VI. 鹃形目 CUCULIFRMES									
(七) 杜鹃科 Cuculidae									
46	红翅凤头鹃	Clamator coromandus	S	Or	威海	山地、丘陵林地	Sy	LC	
47	噪鹃	Eudynamys scolopacea	S	Or	广布	阔叶林、混交林	Sy	LC	
48	北棕腹鹰鹃	Hierococcyx hyperythrus	S	Or	昆嵛山	落叶林	Sy	LC	文献记录
49	小杜鹃	Cuculus poliocephalus	S	Or	广布	河谷疏林	Sy	LC	
50	四声杜鹃	C. micropterus	S	Gb	广布	山地森林	Sy	LC	
51	中杜鹃	C. saturatus	S	Gb	昆嵛山	山地、平原林地	Sy	LC	
52	大杜鹃	C. canorus	S	Gb	广布	开阔林地	Sy	LC	
VII. 鸨形目 OTIDIFORMES									
(八) 鸨科 Otididae									
53	大鸨	Otis tarda	W	—	昆嵛山	开阔河谷农田	I	EN	近年消失
VIII. 鹤形目 GRUIFORMES									
(九) 秧鸡科 Rallidae									
54	普通秧鸡	Rallus indicus	S	Pr	昆嵛山	沼泽、河流	Sy	LC	文献记录
55	小田鸡	Zapornia pusilla	S	Or	昆嵛山	沼泽、水库、河流	Sy	LC	文献记录

续表

序号	中文名	拉丁名	居留型	区系成分	分布状况	栖息地类型	国家保护级别	IUCN濒危等级	备注
56	红胸田鸡	Z. fusca	S	Or	昆嵛山	沼泽、水库	Sy	NT	文献记录
57	斑胁田鸡	Z. paykullii	S	Or	威海	沼泽、鱼塘	II	VU	
58	白胸苦恶鸟	Amaurornis phoenicurus	S	Or	昆嵛山、威海	沼泽、水库、鱼塘	Sy	LC	
59	董鸡	Gallicrex cinerea	S	Or	昆嵛山、荣成	沼泽、河流	Sy	LC	
60	黑水鸡	Gallinula chloropus	S	Or	广布	水库、鱼塘	Sy	LC	部分留鸟
61	白骨顶	Fulica atra	S	Gb	广布	水库、鱼塘	Sy	LC	部分留鸟
(十)鹤科 Gruidae									
62	白鹤	Grus leucogeranus	P	—	昆嵛山	水库、滨海滩涂	I	CR	文献记录
63	丹顶鹤	G. japonensis	P	—	昆嵛山	水库、滨海滩涂	I	EN	文献记录
64	灰鹤	G. grus	P	—	荣成	滨海滩涂	II	NT	
IX. 鸻形目 CHARADRIIFORMES									
(十一)蛎鹬科 Haematopodidae									
65	蛎鹬	Haematopus ostralegus	P	—	烟台、长岛	滨海滩涂	Sy	LC	少量繁殖
(十二)反嘴鹬科 Recurvirostridae									
66	黑翅长脚鹬	Himantopus himantopus	P	—	广布	水库、河流、滩涂	Sy	LC	
67	反嘴鹬	Recurvirostra avosetta	P	—	广布	水库、河流、滩涂	Sy	LC	
(十三)鸻科 Charadriidae									
68	凤头麦鸡	Vanellus vanellus	P	—	广布	滨海滩涂、三角洲	Sy	LC	
69	灰头麦鸡	V. cinereus	S	Pr	广布	滨海滩涂、三角洲	Sy	LC	
70	金鸻	Pluvialis fulva	P	—	广布	滨海滩涂	Sy	LC	
71	灰鸻	P. squatarola	P	—	烟台	滨海滩涂	Sy	LC	
72	长嘴剑鸻	Charadrius placidus	P	—	广布	滨海滩涂	Sy	NT	
73	金眶鸻	C. dubius	S	Pr	广布	滨海滩涂、水库	Sy	LC	
74	环颈鸻	C. alexandrinus	S	Pr	广布	滨海滩涂、水库	Sy	LC	

续表

序号	中文名	拉丁名	居留型	区系成分	分布状况	栖息地类型	国家保护级别	IUCN濒危等级	备注
75	蒙古沙鸻	C. mongolus	P	—	烟台、荣成	滨海滩涂	Sy	LC	
76	铁嘴沙鸻	C. leschenaultii	P	—	烟台	滨海滩涂	Sy	LC	
77	东方鸻	C. veredus	P	—	烟台	滨海滩涂	Sy	LC	
(十四) 鹬科 Scolopacidae									
78	丘鹬	Scolopax rusticola	P	—	烟台	滨海滩涂	Sy	LC	
79	姬鹬	Lymnocryptes minimus	P	—	烟台	滨海滩涂	Sy	LC	文献记录
80	孤沙锥	Gallinago solitaria	P	—	烟台	河流、沼泽、滩涂	Sy	LC	文献记录
81	针尾沙锥	G. stenura	P	—	烟台	河流、沼泽、滩涂	Sy	LC	
82	大沙锥	G. megala	P	—	烟台	河流、沼泽、滩涂	Sy	LC	文献记录
83	扇尾沙锥	G. gallinago	P	—	广布	滨海滩涂	Sy	LC	
84	黑尾塍鹬	Limosa limosa	P	—	广布	滨海滩涂	Sy	NT	
85	斑尾塍鹬	L. lapponica	P	—	烟台	滨海滩涂	Sy	NT	
86	小杓鹬	Numenius minutus	P	—	烟台	滨海滩涂	II	LC	
87	中杓鹬	N. phaeopus	P	—	广布	滨海滩涂	Sy	LC	
88	白腰杓鹬	N. arquata	W	—	广布	滨海滩涂	II	NT	
89	大杓鹬	N. madagascariensis	P	—	烟台	滨海滩涂	II	EN	
90	鹤鹬	Tringa erythropus	P	—	广布	滨海滩涂	Sy	LC	
91	红脚鹬	T. totanus	P	—	广布	滨海滩涂	Sy	LC	
92	泽鹬	T. stagnatilis	P	—	烟台	滨海滩涂	Sy	LC	
93	青脚鹬	T. nebularia	P	—	烟台	滨海滩涂	Sy	LC	
94	白腰草鹬	T. ochropus	P	—	广布	滨海滩涂、河流	Sy	LC	
95	林鹬	T. glareola	P	—	烟台	滨海滩涂	Sy	LC	
96	灰尾漂鹬	T. brevipes	P	—	烟台	滨海滩涂	Sy	NT	
97	翘嘴鹬	Xenus cinereus	P	—	烟台	滨海滩涂	Sy	LC	

续表

序号	中文名	拉丁名	居留型	区系成分	分布状况	栖息地类型	国家保护级别	IUCN濒危等级	备注
98	矶鹬	*Actitis hypoleucos*	P	—	广布	滨海滩涂、河流、水库	Sy	LC	
99	翻石鹬	*Arenaria interpres*	P	—	烟台	滨海滩涂	II	LC	
100	大滨鹬	*Calidris tenuirostris*	P	—	烟台	滨海滩涂	II	EN	文献记录
101	红腹滨鹬	*C. canutus*	P	—	烟台	滨海滩涂	Sy	NT	
102	三趾滨鹬	*C. alba*	P	—	烟台	滨海滩涂	Sy	LC	
103	红颈滨鹬	*C. ruficollis*	P	—	烟台	滨海滩涂	Sy	NT	
104	勺嘴鹬	*C. pygmeus*	P	—	烟台	滨海滩涂	I	CR	文献记录
105	青脚滨鹬	*C. temminckii*	P	—	烟台	滨海滩涂	Sy	LC	文献记录
106	长趾滨鹬	*C. subminuta*	P	—	烟台	滨海滩涂	Sy	LC	文献记录
107	尖尾滨鹬	*C. acuminata*	P	—	烟台	滨海滩涂	Sy	LC	
108	阔嘴鹬	*C. falcinellus*	P	—	烟台	滨海滩涂	II	LC	
109	流苏鹬	*C. pugnax*	P	—	烟台、威海、荣成	滨海滩涂	Sy	LC	
110	弯嘴滨鹬	*C. ferruginea*	P	—	烟台	滨海滩涂	Sy	NT	
111	黑腹滨鹬	*C. alpina*	P	—	烟台	滨海滩涂	Sy	LC	
(十五)	三趾鹑科 Turnicidae								
112	黄脚三趾鹑	*Turnix tanki*	S	Gb	昆嵛山	沼泽、农田、草地	Sy	LC	文献记录
(十六)	燕鸻科 Glareolidae								
113	普通燕鸻	*Glareola maldivarum*	P	—	烟台沁水河	河流、沼泽、草地	Sy	LC	文献记录
(十七)	鸥科 Laridae								
114	棕头鸥	*Chroicocephalus brunnicephalus*	P	—	广布	水库、河流、滨海湿地	Sy	LC	
115	红嘴鸥	*C. ridibundus*	W	—	广布	水库、河流、滨海湿地	Sy	LC	
116	黑嘴鸥	*Saundersilarus saundersi*	P	—	烟台	滨海湿地	I	VU	
117	遗鸥	*Ichthyaetus relictus*	P	—	烟台鱼鸟河	河流、水库	I	VU	
118	渔鸥	*I. ichthyaetus*	P	—	广布	水库、滨海湿地	Sy	LC	

续表

序号	中文名	拉丁名	居留型	区系成分	分布状况	栖息地类型	国家保护级别	IUCN濒危等级	备注
119	黑尾鸥	*Larus crassirostris*	W	—	广布	滨海湿地	Sy	LC	
120	普通海鸥	*L. canus*	P	—	烟台	滨海湿地	Sy	LC	
121	小黑背银鸥	*L. fuscus*	P	—	烟台	滨海湿地	Sy	LC	
122	西伯利亚银鸥	*L. smithsonianus*	W	—	广布	滨海湿地	Sy	LC	
123	灰背鸥	*L. schistisagus*	W	—	烟台、昆嵛山	水库、滨海湿地	Sy	LC	
124	鸥嘴噪鸥	*Gelochelidon nilotica*	S	Pr	烟台	滨海湿地、河流、水库	Sy	LC	
125	红嘴巨燕鸥	*Hydroprogne caspia*	S	Pr	烟台	滨海湿地	Sy	LC	
126	白额燕鸥	*Sternula albifrons*	S	Pr	烟台	河流、水库、滨海湿地	Sy	LC	文献记录
127	黑枕燕鸥	*Sterna sumatrana*	P	—	烟台鱼鸟河	滨海湿地	Sy	LC	
128	普通燕鸥	*S. hirundo*	S	Pr	广布	水库、滨海湿地	Sy	LC	
129	灰翅浮鸥	*Chlidonias hybrida*	S	Pr	烟台夹河	河流、滨海湿地	Sy	LC	
130	白翅浮鸥	*C. leucopterus*	S	Pr	烟台夹河	河流、滨海湿地	Sy	LC	
X. 潜鸟目 GAVIIFORMES									
(十八) 潜鸟科 Gaviidae									
131	红喉潜鸟	*Gavia stellata*	W	—	荣成	滨海水面	Sy	LC	
132	黑喉潜鸟	*G. arctica*	W	—	烟台海滨	滨海水面	Sy	LC	
XI. 鹳形目 CICONIIFORMES									
(十九) 鹳科 Ciconiidae									
133	黑鹳	*Ciconia nigra*	S	Pr	昆嵛山、荣成	河流、湖泊	I	LC	文献记录
134	东方白鹳	*C. boyciana*	P	—	荣成海滨、夹河	滨海滩涂、河口湿地	I	EN	
XII. 鲣鸟目 SULIFORMES									
(二十) 鸬鹚科 Phalacrocoracidae									
135	海鸬鹚	*Phalacrocorax pelagicus*	P	—	烟台滨海岛屿	海岛礁石	II	LC	文献记录
136	普通鸬鹚	*P. carbo*	P	—	滨海水面、水库	滨海水面、水库	Sy	LC	少量越冬

续表

序号	中文名	拉丁名	居留型	区系成分	分布状况	栖息地类型	国家保护级别	IUCN濒危等级	备注
137	绿背鸬鹚	P. capillatus	P	—	烟台附近岛屿	海岛礁石	Sy	LC	
XIII. 鹈形目 PELECANIFORMES									
(二十一) 鹮科 Threskiornithidae									
138	白琵鹭	Platalea leucorodia	P	—	烟台芝河、银湖	河流、滨海湿地	II	LC	
(二十二) 鹭科 Ardeidae									
139	大麻鳽	Botaurus stellaris	S	Gb	荣成	滨海湿地	Sy	LC	
140	黄斑苇鳽	Ixobrychus sinensis	S	Or	鱼鸟河、辛安河	河流、沼泽	Sy	LC	
141	紫背苇鳽	I. eurhythmus	S	Gb	烟台、威海	河流、沼泽	Sy	LC	
142	栗苇鳽	I. cinnamomeus	S	Gb	烟台、威海	河流、沼泽	Sy	LC	
143	黑苇鳽	Dupetor flavicollis	S	Gb	威海	河流、沼泽	Sy	LC	
144	夜鹭	Nycticorax nycticorax	S	Gb	广布	河流、水库、沼泽	Sy	LC	
145	绿鹭	Butorides striata	S	Gb	广布	河流、水库、沼泽	Sy	LC	
146	池鹭	Ardeola bacchus	S	Or	广布	河流、水库、沼泽	Sy	LC	
147	牛背鹭	Bubulcus ibis	S	Or	广布	河流、水库、沼泽	Sy	LC	
148	苍鹭	Ardea cinerea	S	Gb	广布	河流、水库、沼泽	Sy	LC	部分留鸟
149	草鹭	A. purpurea	S	Gb	广布	河流、水库、沼泽	Sy	LC	
150	大白鹭	A. alba	S	Gb	广布	河流、水库、沼泽	Sy	LC	部分留鸟
151	中白鹭	A. intermedia	S	Or	烟台海滨	河流、水库、沼泽	Sy	LC	
152	白鹭	Egretta garzetta	S	Or	广布	河流、水库、沼泽	Sy	LC	部分留鸟
153	黄嘴白鹭	E. eulophotes	S	Or	烟台海滨	河流、沼泽、海滨	II	VU	
XIV. 鹰形目 ACCIPITRIFORMES									
(二十三) 鹗科 Pandionidae									
154	鹗	Pandion haliaetus	R	Gb	广布	昆嵛山各水库	II	LC	

续表

序号	中文名	拉丁名	居留型	区系成分	分布状况	栖息地类型	国家保护级别	IUCN濒危等级	备注
(二十四) 鹰科 Accipitridae
155	黑翅鸢	Elanus caeruleus	R	Or	烟台、威海	开阔农田	II	LC	
156	凤头蜂鹰	Pernis ptilorhyncus	P	—	广布	海岸、山地混交林	II	LC	
157	秃鹫	Aegypius monachus	R	Gb	昆嵛山	开阔草地、山地	I	NT	
158	白肩雕	Aquila heliaca	P	—	昆嵛山	丘陵、河谷	I	VU	文献记录
159	金雕	A. chrysaetos	R	Gb	昆嵛山	山地峭壁	I	LC	文献记录
160	白腹隼雕	A. fasciata	V	—	烟台附近岛屿	海岸、河谷峭壁	II	LC	文献记录
161	赤腹鹰	Accipiter soloensis	S	Gb	广布	河谷林地	II	LC	
162	松雀鹰	A. virgatus	R	Gb	昆嵛山	山地阔叶林、混交林	II	LC	
163	雀鹰	A. nisus	S	Pr	昆嵛山	山地阔叶林、混交林	II	LC	
164	苍鹰	A. gentilis	S	Gb	广布	山地阔叶林、混交林	II	LC	
165	白头鹞	Circus aeruginosus	S	Gb	广布	开阔沼泽地	II	LC	文献记录
166	白尾鹞	C. cyaneus	S	Gb	昆嵛山	湖泊、沼泽、草地	II	LC	
167	鹊鹞	C. melanoleucos	P	—	昆嵛山	开阔农田、河谷	II	LC	文献记录
168	乌灰鹞	C. pygargus	W	—	昆嵛山	开阔平原、河谷	II	LC	
169	黑鸢	Milvus migrans	R	Gb	广布	开阔平原、丘陵	II	LC	
170	栗鸢	Haliastur indus	P	—	昆嵛山	河流、湖泊、水库	II	LC	文献记录
171	灰脸𫛭鹰	Butastur indicus	P	—	昆嵛山	阔叶林、混交林	II	LC	
172	毛脚𫛭	Buteo lagopus	W	—	昆嵛山	低山丘陵、农田	II	LC	文献记录
173	大𫛭	B. hemilasius	P	—	烟台及附近岛屿	山地森林、农田	II	LC	
174	普通𫛭	B. japonicus	P	—	广布	林区、农田、果园	II	LC	
XV. 鸮形目 STRIGIFORMES
(二十五) 鸱鸮科 Strigidae
175	北领角鸮	Otus semitorques	R	Or	昆嵛山	山地阔叶林、混交林	II	LC	

续表

序号	中文名	拉丁名	居留型	区系成分	分布状况	栖息地类型	国家保护级别	IUCN 濒危等级	备注
176	红角鸮	*O. sunia*	S	Pr	昆箭山及附近岛屿	山地阔叶林、混交林	II	LC	
177	雕鸮	*Bubo bubo*	R	Pr	昆箭山	山地阔叶林、混交林	II	LC	
178	灰林鸮	*Strix aluco*	R	Pr	昆箭山	山地阔叶林、混交林	II	LC	
179	斑头鸺鹠	*Glaucidium cuculoides*	R	Or	昆箭山	林缘、农田、果园	II	LC	文献记录
180	纵纹腹小鸮	*Athene noctua*	R	Pr	广布	丘陵、林缘、居民区	II	LC	
181	日本鹰鸮	*Ninox japonica*	S	Or	昆箭山	阔叶林、混交林	II	LC	
182	长耳鸮	*Asio otus*	S	Gb	昆箭山	各类林地	II	LC	
183	短耳鸮	*A. flammeus*	W	—	昆箭山	河谷、沼泽、草地	II	LC	
(二十六) 草鸮科 Tytonidae
184	草鸮	*Tyto longimembris*	S	Or	昆箭山	山麓灌草丛	II	LC	文献记录
XVI. 犀鸟目 CUCEROTIFORMES
(二十七) 戴胜科 Upupidae
185	戴胜	*Upupa epops*	R	Gb	广布	农田、果园、绿地等	Sy	LC	
XVII. 佛法僧目 CORACIIFORMES
(二十八) 佛法僧科 Coraciidae
186	三宝鸟	*Eurystomus orientalis*	S	Or	昆箭山	山地阔叶林、混交林	Sy	LC	
(二十九) 翠鸟科 Alcedinidae
187	蓝翡翠	*Halcyon pileata*	S	Or	昆箭山及附近河流	河流、水库、鱼塘	Sy	LC	
188	普通翠鸟	*Alcedo atthis*	R	Gb	广布	河流、鱼塘、水库	Sy	LC	
189	冠鱼狗	*Megaceryle lugubris*	R	Gb	威海	河流、水库	Sy	LC	
190	斑鱼狗	*Ceryle rudis*	R	Or	威海	河流、水库	Sy	LC	
XVIII. 啄木鸟目 PICIFORMES
(三十) 啄木鸟科 Picidae
191	蚁䴕	*Jynx torquilla*	P	—	昆箭山	低山丘陵、农田、果园	Sy	LC	文献记录

续表

序号	中文名	拉丁名	居留型	区系成分	分布状况	栖息地类型	国家保护级别	IUCN濒危等级	备注
192	棕腹啄木鸟	Dendrocopos hyperythrus	R	Gb	昆嵛山	混交林、针叶林	Sy	LC	文献记录
193	星头啄木鸟	D. canicapillus	R	Or	昆嵛山	混交林	Sy	LC	文献记录
194	大斑啄木鸟	D. major	R	Pr	昆嵛山、城市绿地	阔叶林、混交林	Sy	LC	
195	灰头绿啄木鸟	Picus canus	R	Or	昆嵛山、城市绿地	阔叶林、混交林	Sy	LC	
XIX. 隼形目 FALCONIFORMES									
(三十一) 隼科 Falconidae									
196	红隼	Falco tinnunculus	R	Gb	广布	农田、村庄各生境	II	LC	
197	红脚隼	F. amurensis	P	—	昆嵛山	开阔农耕区	II	LC	
198	灰背隼	F. columbarius	P	—	昆嵛山	沼泽、开阔草地	II	LC	文献记录
199	燕隼	F. subbuteo	S	Gb	广布	开阔地、林缘	II	LC	
200	猎隼	F. cherrug	P	—	昆嵛山	丘陵、河谷平原	I	EN	文献记录
201	游隼	F. peregrinus	P	—	昆嵛山、大黑山岛	山地、水库	II	LC	少量繁殖
XX 雀形目 PASSERIFORMES									
(三十二) 黄鹂科 Oriolidae									
202	黑枕黄鹂	Oriolus chinensis	S	Or	昆嵛山	次生阔叶林	Sy	LC	
(三十三) 山椒鸟科 Campephagidae									
203	暗灰鹃䴗	Lalage melaschistos	S	Or	昆嵛山、夹河	次生阔叶林、混交林	Sy	LC	文献记录
204	灰山椒鸟	Pericrocotus divaricatus	P	—	烟台湿地公园	次生阔叶林、混交林	Sy	LC	
205	长尾山椒鸟	P. ethologus	S	Or	烟台湿地公园	次生阔叶林、混交林	Sy	LC	文献记录
(三十四) 卷尾科 Dicruridae									
206	黑卷尾	Dicrurus macrocercus	S	Or	广布	农田、村落	Sy	LC	
207	发冠卷尾	D. hottentottus	S	Or	广布	农田、村落、阔叶林	Sy	LC	
(三十五) 伯劳科 Laniidae									
208	虎纹伯劳	Lanius tigrinus	S	Pr	广布	平原、山地	Sy	LC	

续表

序号	中文名	拉丁名	居留型	区系成分	分布状况	栖息地类型	国家保护级别	IUCN濒危等级	备注
209	牛头伯劳	L. bucephalus	S	Pr	广布	农田、果园、林地	Sy	LC	
210	红尾伯劳	L. cristatus	P	—	广布	丘陵、平原林地	Sy	LC	
211	棕背伯劳	L. schach	S	Or	昆箭山、夹河等	农田、果园、林地	Sy	LC	
212	灰背伯劳	L. tephronotus	S	Pr	沁河	农田附近林地	Sy	LC	
213	灰伯劳	L. excubitor	P	—	昆箭山、夹河等	河谷农田、果园	Sy	LC	文献记录
214	楔尾伯劳	L. sphenocercus	W	—	广布	平原河谷林地	Sy	LC	
(三十六) 鸦科Corvidae									
215	灰喜鹊	Cyanopica cyanus	R	Pr	广布	农田、果园、城镇	Sy	LC	
216	红嘴蓝鹊	Urocissa erythrorhyncha	R	Or	昆箭山	农田、林缘	Sy	LC	
217	喜鹊	Pica pica	R	Gb	广布	农田、果园、村落	Sy	LC	
218	红嘴山鸦	Pyrrhocorax pyrrhocorax	R	Pr	昆箭山	丘陵、山地	Sy	LC	文献记录
219	达乌里寒鸦	Corvus dauuricus	R	Pr	昆箭山、养马岛	农田、草地	Sy	LC	文献记录
220	秃鼻乌鸦	C. frugilegus	R	Pr	昆箭山、辛安河	农田、果园、村落	Sy	LC	
221	小嘴乌鸦	C. corone	R	Pr	昆箭山	农田、果园、村落	Sy	LC	
222	白颈鸦	C. torquatus	R	Or	昆箭山	农田、果园	Sy	LC	
223	大嘴乌鸦	C. macrorhynchos	R	Pr	广布	农田、果园、村落	Sy	LC	
(三十七) 山雀科Paridae									
224	煤山雀	Periparus ater	R	Pr	南山公园、蓬莱	阔叶林、混交林	Sy	LC	
225	黄腹山雀	Pardaliparus venustulus	R	Or	广布	阔叶林、混交林	Sy	LC	
226	沼泽山雀	Poecile palustris	R	Pr	广布	混交林、针叶林	Sy	LC	
227	大山雀	Parus cinereus	R	Gb	广布	阔叶林、混交林	Sy	LC	
(三十八) 攀雀科Remizidae									
228	中华攀雀	Remiz cansobrinus	S	Pr	广布	农田、道路两侧乔木	Sy	LC	
(三十九) 百灵科Alaudidae									
229	大短趾百灵	Calandrella brachydactyla	P	—	昆箭山、辛安河	农田、草地	Sy	LC	文献记录

续表

序号	中文名	拉丁名	居留型	区系成分	分布状况	栖息地类型	国家保护级别	IUCN濒危等级	备注
230	短趾百灵	C. cheleensis	S	Pr	昆嵛山、沁水河	草地、河滩	Sy	LC	文献记录
231	凤头百灵	Galerida cristata	R	Pr	昆嵛山、辛安河	农田、草地、河滩	Sy	LC	
232	云雀	Alauda arvensis	P	—	昆嵛山、夹河	草地、农田	II	LC	文献记录
233	小云雀	A. gulgula	R	Gb	昆嵛山	草地、农田	Sy	LC	
(四十) 扇尾莺科 Rhipiduridae
234	棕扇尾莺	Cisticola juncidis	S	Or	昆嵛山、辛安河	开阔草地	Sy	LC	
235	纯色山鹪莺	Prinia inornata	V	—	夹河、长春湖	草丛、苇丛、沼泽	Sy	LC	文献记录
(四十一) 苇莺科 Acrocephalidae
236	东方大苇莺	Acrocephalus orientalis	S	Pr	广布	近水苇丛、草丛	Sy	LC	
237	黑眉苇莺	A. bistrigiceps	S	Pr	昆嵛山、大黑山岛	近水苇丛、草丛	Sy	LC	
238	细纹苇莺	A. sorghophilus	S	Pr	夹河、银湖	近水苇丛、草丛	II	EN	文献记录
239	钝翅苇莺	A. consineus	S	Pr	夹河、养马岛	近水苇丛、草丛	Sy	LC	文献记录
240	远东苇莺	A. tangorum	P	—	辛安河、夹河	近水苇丛、草丛	Sy	VU	文献记录
241	厚嘴苇莺	Arundinax aedon	P	—	辛安河、夹河	近水隐秘灌丛	Sy	LC	文献记录
(四十二) 蝗莺科 Locustellidae
242	北短翅蝗莺	Locustella davidi	S	Pr	昆嵛山	林缘灌丛	Sy	LC	文献记录
243	矛斑蝗莺	L. lanceolata	P	—	昆嵛山	芦苇沼泽、水边灌丛	Sy	LC	文献记录
244	北蝗莺	L. ochotensis	P	—	昆嵛山	河岸灌丛、苇塘	Sy	LC	文献记录
245	小蝗莺	L. certhiola	S	Pr	昆嵛山、养马岛	近水苇丛、草丛	Sy	LC	文献记录
(四十三) 燕科 Hirundinidae
246	崖沙燕	Riparia riparia	S	Pr	昆嵛山	河岸、湖泊土崖	Sy	LC	文献记录
247	家燕	Hirundo rustica	S	Pr	广布	村庄	Sy	LC	
248	毛脚燕	Delichon urbicum	S	Pr	昆嵛山	山地悬崖	Sy	LC	文献记录
249	金腰燕	Cecropis daurica	S	Or	广布	村庄	Sy	LC	

续表

序号	中文名	拉丁名	居留型	区系成分	分布状况	栖息地类型	国家保护级别	IUCN濒危等级	备注
(四十四) 鹎科 Pycnonotidae									
250	白头鹎	Pycnonotus sinensis	R	Or	广布	山地、农田、绿地	Sy	LC	
251	栗耳短脚鹎	Hypsipetes amaurotis	W	—	昆嵛山、夹河等	农田、果园、林地	Sy	LC	
(四十五) 柳莺科 Phylloscopidae									
252	褐柳莺	Phylloscopus fuscatus	S	Pr	昆嵛山	近溪流灌丛	Sy	LC	文献记录
253	棕腹柳莺	P. subaffinis	S	Pr	昆嵛山	林缘灌丛	Sy	LC	文献记录
254	棕眉柳莺	P. armandii	S	Pr	昆嵛山、长岛	林缘河谷灌丛	Sy	LC	
255	巨嘴柳莺	P. schwarzi	S	Pr	昆嵛山、沁水河	林下灌丛、草丛	Sy	LC	
256	云南柳莺	P. yunnanensis	S	Pr	鲁大山、外夹河	次生落叶林	Sy	LC	文献记录
257	黄腰柳莺	P. proregulus	S	Pr	昆嵛山、烟台	混交林、针叶林	Sy	LC	
258	黄眉柳莺	P. inornatus	P	—	昆嵛山、烟台	落叶、混交林、灌丛	Sy	LC	
259	极北柳莺	P. borealis	P	—	昆嵛山、鱼鸟河	落叶、混交林、灌丛	Sy	LC	文献记录
260	双斑绿柳莺	P. plumbeitarsus	P	Pr	昆嵛山、夹河	阔叶林、混交、灌丛、竹林	Sy	LC	文献记录
261	淡脚柳莺	P. tenellipes	P	Pr	昆嵛山、养马岛	近溪流林下植被	Sy	LC	文献记录
262	乌嘴柳莺	P. magnirostris	S	Pr	昆嵛山、牟安河	落叶、混交、针叶林	Sy	LC	文献记录
263	冕柳莺	P. coronatus	S	Pr	昆嵛山、养马岛	林缘灌丛	Sy	LC	
(四十六) 树莺科 Cettiidae									
264	短翅树莺	Horornis diphone	P	—	昆嵛山	灌丛、草地	Sy	LC	文献记录
265	远东树莺	H. canturians	S	Or	广布	林下灌丛	Sy	LC	
266	鳞头树莺	Urosphena squameiceps	S	Pr	昆嵛山	林下植被、地面	Sy	LC	
(四十七) 长尾山雀科 Aegithalidae									
267	银喉长尾山雀	Aegithalos glaucogularis	R	Pr	广布	混交林、针叶林	Sy	LC	
(四十八) 莺鹛科 Sylviidae									
268	棕头鸦雀	Sinosuthora webbianus	R	Or	广布	灌草丛	Sy	LC	
269	震旦鸦雀	Paradoxornis heudei	R	Pr	夹河	芦苇丛	II	NT	文献记录

续表

序号	中文名	拉丁名	居留型	区系成分	分布状况	栖息地类型	国家保护级别	IUCN濒危等级	备注
(四十九) 绣眼鸟科 Zosteropidae									
270	红胁绣眼鸟	Zosterops erythropleurus	P	—	昆箭山、银湖	阔叶林、竹林、灌丛	II	LC	
271	暗绿绣眼鸟	Z. japonicus	S	Or	广布	阔叶、混交、针叶林	Sy	LC	
(五十) 旋木雀科 Certhiidae									
272	欧亚旋木雀	Certhia familiaris	R	Pr	昆箭山	阔叶林、混交林	Sy	LC	保护区新纪录
(五十一) 鹪鹩科 Troglodytidae									
273	鹪鹩	Troglodytes troglodytes	R	Pr	昆箭山	近水灌丛、倒木、石缝	Sy	LC	
(五十二) 椋鸟科 Sturnidae									
274	八哥	Acridotheres cristatellus	R	Or	广布	林缘、村落	Sy	LC	
275	丝光椋鸟	Spodiopsar sericeus	S	Or	昆箭山、沁水河	稀疏林地	Sy	LC	
276	灰椋鸟	S. cineraceus	S	Gb	广布	平房稀疏林带	Sy	LC	
277	北椋鸟	Agropsar sturninae	S	Pr	昆箭山、莽马岛	开阔原野	Sy	LC	
(五十三) 鸫科 Turdidae									
278	白眉地鸫	Geokichla sibirica	P	—	昆箭山、辛安河	林缘、农田、果园	Sy	LC	
279	虎斑地鸫	Zoothera dauma	P	—	昆箭山、长岛	近水林地	Sy	LC	
280	灰背鸫	Turdus hortulorum	P	—	昆箭山、莽马岛	农田、果园、绿地	Sy	LC	
281	乌鸫	T. mandarinus	R	Gb	沁水河	城市绿地	Sy	LC	
282	白腹鸫	T. obscurus	P	—	昆箭山、辛安河	林缘灌丛、城市绿地	Sy	LC	
283	白腹鸫	T. pallidus	P	—	昆箭山、鱼鸟河	近水林地	Sy	LC	
284	赤颈鸫	T. ruficollis	P	—	昆箭山、辛安河	农田、果园	Sy	LC	
285	红尾斑鸫	T. naumanni	P	—	广布	农田、果园、绿地	Sy	LC	
286	斑鸫	T. eunomus	P	—	广布	农田、果园、绿地	Sy	LC	
287	宝兴歌鸫	T. mupinensis	P	—	昆箭山、长岛	近水林地、果园	Sy	LC	
(五十四) 鹟科 Muscicapidae									
288	红尾歌鸲	Larvivora sibilans	P	—	昆箭山	阴暗林下地面	Sy	LC	文献记录
289	蓝歌鸲	L. cyane	P	—	昆箭山	密林地面	Sy	LC	红外相机

续表

序号	中文名	拉丁名	居留型	区系成分	分布状况	栖息地类型	国家保护级别	IUCN濒危等级	备注
290	红喉歌鸲	*Calliope calliope*	P	—	昆箭山	近水灌丛	II	LC	
291	蓝喉歌鸲	*Luscinia svecica*	P	—	威海	近水灌丛	Sy	LC	
292	红胁蓝尾鸲	*Tarsiger cyanurus*	P	—	广布	阔叶、混交林下	Sy	LC	
293	红额红尾鸲	*Phoenicurus frontalis*	V	—	广布	农田、草坡树、灌丛	Sy	LC	
294	北红尾鸲	*P. auroreus*	R	Gb	广布	农田、果园、林地	Sy	LC	
295	红腹红尾鸲	*P. erythrogastrus*	P	—	昆箭山、夹河	河谷、溪流	Sy	LC	文献记录
296	红尾水鸲	*Rhyacornis fuliginosa*	R	Gb	昆箭山及附近河流	河流	Sy	LC	
297	黑喉石䳭	*Saxicola maurus*	P	—	昆箭山、夹河	开阔农田、草地	Sy	LC	
298	蓝矶鸫	*Monticola solitarius*	S	Gb	昆箭山、养马岛	近水石堆、岩石	Sy	LC	
299	白喉矶鸫	*M. gularis*	P	—	昆箭山	林下多岩石地带	Sy	LC	文献记录
300	灰纹鹟	*Muscicapa griseisticta*	P	—	昆箭山、威海	混交林、针叶林上层	Sy	LC	
301	乌鹟	*M. sibirica*	P	—	昆箭山、养马岛	混交林、针叶林	Sy	LC	
302	北灰鹟	*M. d. dauurica*	P	—	昆箭山、威海	混交林、针叶林中下层	Sy	LC	
303	白眉姬鹟	*Ficedula zanthopygia*	S	Or	昆箭山、鱼鸟河	阔叶林、混交林	Sy	LC	
304	黄眉姬鹟	*F. narcissina*	P	—	昆箭山	阔叶林、混交林	Sy	LC	
305	鸲姬鹟	*F. mugimaki*	P	—	昆箭山、养马岛	阔叶林、混交林	Sy	LC	文献记录
306	红喉姬鹟	*F. albicilla*	P	—	昆箭山	山脚林地	Sy	LC	
307	白腹蓝鹟	*Cyanoptila cyanomelana*	P	—	昆箭山	近水阔叶林、混交林	Sy	LC	
(五十五) 戴菊科 Regulidae									
308	戴菊	*Regulus regulus*	W	—	昆箭山、夹河	混交林、针叶林	Sy	LC	
(五十六) 太平鸟科 Bombycillidae									
309	太平鸟	*Bombycilla garrulus*	W	—	昆箭山、蓬莱	阔叶林、混交林	Sy	LC	
310	小太平鸟	*B. japonica*	P	—	昆箭山、南山公园	阔叶林、混交林	Sy	LC	
(五十七) 岩鹨科 Prunellidae									
311	领岩鹨	*Prunella collaris*	S	Pr	昆箭山	山顶多岩石区	Sy	LC	文献记录

续表

序号	中文名	拉丁名	居留型	区系成分	分布状况	栖息地类型	国家保护级别	IUCN 濒危等级	备注
312	棕眉山岩鹨	P. montanella	W	—	大黑山岛	山地灌丛	Sy	LC	
(五十八) 雀科 Passeridae									
313	山麻雀	Passer cinnamomeus	R	Pr	昆嵛山	林地、灌丛	Sy	LC	
314	麻雀	P. montanus	R	Gb	广布	农田、果园、村落	Sy	LC	
(五十九) 鹡鸰科 Motacillidae									
315	山鹡鸰	Dendronanthus indicus	S	Pr	昆嵛山及附近	混交林、针叶林	Sy	LC	
316	黄鹡鸰	Motacilla flava	P	—	昆嵛山、辛安河	河流、田野	Sy	LC	
317	黄头鹡鸰	M. citreola	P	—	广布	河流、沼泽、农田、草地	Sy	LC	
318	灰鹡鸰	M. cinerea	P	—	广布	河流、沼泽	Sy	LC	
319	白鹡鸰	M. alba	S	Gb	广布	河流、沼泽、农田	Sy	LC	
320	田鹨	Anthus richardi	S	Pr	广布	平原、沼泽、河流	Sy	LC	
321	布氏鹨	A. godlewskii	S	Pr	昆嵛山及附近	农田、果园、湿地	Sy	LC	文献记录
322	树鹨	A. hodgsoni	S	Gb	广布	林地、农田	Sy	LC	
323	北鹨	A. gustavi	P	—	昆嵛山	沼泽、草地、河滩	Sy	LC	
324	粉红胸鹨	A. roseatus	S	Gb	昆嵛山、夹河	灌丛、河谷、农田	Sy	LC	
325	红喉鹨	A. cervinus	P	—	昆嵛山、辛安河	灌丛、草地	Sy	LC	文献记录
326	黄腹鹨	A. rubescens	P	—	昆嵛山、夹河	混交林、湿草地	Sy	LC	文献记录
327	水鹨	A. spinoletta	P	—	昆嵛山、威海	近溪流草地	Sy	LC	
(六十) 燕雀科 Fringillidae									
328	燕雀	Fringilla montifringilla	W	—	广布	混交林、果园、居民点	Sy	LC	
329	锡嘴雀	Coccothraustes coccothraustes	P	—	昆嵛山、夹河	林地、果园、农田	Sy	LC	
330	黑尾蜡嘴雀	Eophona migratoria	S	Pr	昆嵛山、沁水河	林地、果园、绿地	Sy	LC	部分旅鸟
331	黑头蜡嘴雀	E. personata	P	—	昆嵛山、鱼鸟河	林地、农田、果园	Sy	LC	
332	红腹灰雀	Pyrrhula pyrrhula	W	—	昆嵛山	林地、果园	Sy	LC	
333	普通朱雀	Carpodacus erythrinus	S	Pr	昆嵛山	混交林、针叶林	Sy	LC	文献记录

续表

序号	中文名	拉丁名	居留型	区系成分	分布状况	栖息地类型	国家保护级别	IUCN濒危等级	备注
334	长尾雀	C. sibiricus	P	—	昆嵛山	树丛、灌丛	Sy	LC	文献记录
335	北朱雀	C. roseus	W	—	昆嵛山	阔叶林、混交林	Sy	LC	
336	金翅雀	Chloris sinica	R	Gb	广布	林地、果园、农田	Sy	LC	
337	白腰朱顶雀	Acanthis flammea	W	—	昆嵛山	林缘农田、果园	Sy	LC	文献记录
338	红交嘴雀	Loxia curvirostra	R	Pr	昆嵛山	针叶林、混交林	II	LC	文献记录
339	黄雀	Spinus spinus	P	—	昆嵛山、鱼鸟河	林地、果园、草地	Sy	LC	
(六十一) 铁爪鹀科 Calcariidae									
340	铁爪鹀	Calcarius lapponicus	P	—	昆嵛山	沼泽、草地、疏林	Sy	LC	文献记录
(六十二) 鹀科 Emberizidae									
341	三道眉草鹀	Eemberiza cioides	R	Pr	广布	林地、果园、农田	Sy	LC	
342	白眉鹀	E. tristrami	P	—	昆嵛山、辛安河	林下灌丛	Sy	LC	
343	栗耳鹀	E. fucata	P	—	昆嵛山、夹河	近河流草甸、灌丛	Sy	LC	
344	小鹀	E. pusilla	P	—	广布	林下灌丛	Sy	LC	
345	黄眉鹀	E. chrysophrys	P	—	昆嵛山、荣成	林缘次生灌丛	Sy	LC	
346	田鹀	E. rustica	P	—	威海、烟台辛安河	林地、灌丛、草地	Sy	VU	
347	黄喉鹀	E. elegans	S	Pr	广布	林地、灌丛、农田	Sy	LC	
348	黄胸鹀	E. aureola	P	—	昆嵛山、夹河	低地灌丛、草甸	I	CR	文献记录
349	栗鹀	E. rutila	P	—	昆嵛山、沕水河	灌丛、草地	Sy	LC	
350	灰头鹀	E. spodocephala	S	Pr	广布	近河沼泽、高草地	Sy	LC	
351	苇鹀	E. pallasi	P	—	昆嵛山	芦苇丛、湿草甸	Sy	LC	
352	红颈苇鹀	E. yessoensis	P	—	昆嵛山	芦苇丛、湿草甸	Sy	LC	文献记录
353	芦鹀	E. schoeniclus	P	—	昆嵛山	芦苇丛、沼泽	Sy	LC	文献记录

#注：1. 居留型：R-留鸟，S-夏候鸟，W-冬候鸟，P-旅鸟，V-迷鸟，因不同种类在不同地理省的居留类型可能变化，因此居留型以占多数地理省为主确定。2. 区系成分：Pr-古北型，Or-东洋型，Gb-广布型；I-国家I级，II-国家II级，Sy-三有物种；4. IUCN濒危等级：CR-极危，EN-濒危，VU-易危，NT-近危，LC-低危。

主要参考文献

[1] 范鹏. 2006. 山东半岛珍稀鸟类的研究[J]. 野生动物，27（3）：54-56.

[2] 范强东，张金勇，牛世华，等. 1988. 烟台的十一种山东省鸟类新纪录[J]. 山东林业科技，1：39.

[3] 高玮. 2006. 中国东北地区鸟类及其生态学研究[J]. 北京：科学出版社.

[4] 李欣洋，许翠萍，孙虎山，等. 2018. 烟台大沽河流域鸟类群落组成、季节动态及多样性分析[J]. 鲁东大学学报（自然科学版），34（3）：228-238.

[5] 马敬能，菲利普斯，何芬奇，等. 2000. 中国鸟类野外手册[M]. 长沙：湖南教育出版社.

[6] 山东昆嵛山省级自然保护区管理局. 2005. 山东昆嵛山自然保护区综合科学考察报告（内部资料）[R].

[7] 孙虎元，王宜艳. 2019. 烟台市区习见鸟类原色图谱[M]. 济南：山东大学出版社.

[8] 汪松，解炎. 2009. 中国物种红色名录（第二卷），脊椎动物（下册）[M]. 北京：高等教育出版社.

[9] 许翠萍，李欣洋，王宜艳，等. 2018. 烟台大沽夹河入海口水鸟群落组成、物种丰富度和种间关系分析[J]. 湿地科学，16（5）：635-641.

[10] 颜重威，赵正阶，郑光美，等. 1996. 中国野鸟图鉴[M]. 台北：翠鸟文化事业有限公司.

[11] 阎理钦，张英，郭英姿，等. 2006. 山东湿地鸟类群落多样性分析[M]. 山东林业科技，2：40-41.

[12] 于培湖，刘瑞珍，邵凌松，等. 2007. 烟台市水域越冬鸟类调查[J]. 山东林业科技，1：65-67.

[13] 赵正阶. 1985. 长白山鸟类志[M]. 长春：吉林科学技术出版社.

[14] 赵正阶. 1999. 中国东北地区珍稀濒危动物志[M]. 北京：中国林业出版社.

[15] 郑光美. 2017. 中国鸟类分类与分类名录（第三版）[M]. 北京：科学出版社.

[16] IUCN. 2019. The IUCN Red List of Threatened Species[J]. Version 2018-2, 17 January 2019. http://www.iucnredlist.org.